全国高级技工学校数控类专业教材

数控机床编程与操作
（数控铣床 加工中心分册）
习题册

中国劳动社会保障出版社

简　介

本习题册是全国高级技工学校数控类专业教材《数控机床编程与操作（数控铣床　加工中心分册）》的配套用书。本习题册紧扣教学要求，按照教材章节顺序编排，注重基础知识的巩固及基本能力的培养，知识点分布均衡，题型丰富多样，难易配置适当，有助于学生复习巩固所学知识。

本习题册由黄俊刚主编，陆齐炜参编。

图书在版编目（CIP）数据

数控机床编程与操作（数控铣床　加工中心分册）习题册/人力资源和社会保障部教材办公室组织编写．—北京：中国劳动社会保障出版社，2012

全国高级技工学校数控类专业教材

ISBN 978-7-5045-9675-8

Ⅰ.①数…　Ⅱ.①人…　Ⅲ.①数控机床：铣床-程序设计-技术学校-习题集②数控机床：铣床-操作-技术学校-习题集　Ⅳ.①TG547-44

中国版本图书馆 CIP 数据核字(2012)第 077129 号

中国劳动社会保障出版社出版发行

（北京市惠新东街 1 号　邮政编码：100029）

出 版 人：张梦欣

*

北京宏伟双华印刷有限公司印刷装订　　新华书店经销

787 毫米×1092 毫米　16 开本　8.75 印张　205 千字

2012 年 4 月第 1 版　　2022 年12月第 6 次印刷

定价：16.00 元

营销中心电话：400-606-6496

出版社网址：http://www.class.com.cn

http://jg.class.com.cn

目　录

第一章　数控铣床/加工中心及其编程基础

第一节　数控机床概述

一、填空题（请将正确答案填写在横线上）

1. 数控机床是指采用__________，并按给定的运动轨迹进行自动加工的机电一体化加工设备。

2. 根据机床主轴的方向，数控机床可分成________机床和__________机床。

3. 根据数控机床的加工用途进行分类，用于完成______加工或______加工的数控机床称为数控铣床。

4. 数控机床的 ATC 是指__________________。

5. 数控钻床是一种采用__________控制系统的数控机床。

6. 数控机床具有____________、加工精度高、_________________、劳动强度低等特点。

二、选择题（请将正确答案的序号填入括号中）

1. 仅在工件上完成钻孔、攻螺纹，宜选用（　　）进行加工。
   A. 普通铣床　　B. 数控钻床　　C. 加工中心　　D. 数控电加工机床

2. 中小型数控机床的重复定位精度可达（　　）mm。
   A. 0.005　　B. 0.010　　C. 0.001　　D. 0.002

3. 以下机床中，不属于数控机床的是（　　）。
   A. 数控磨床　　B. 数控车床　　C. 数显机床　　D. 加工中心

4. 以下零件中，不适合在数控铣床/加工中心上加工的是（　　）。
   A. 变斜角零件　　B. 大批量生产的简易零件
   C. 外形不规则的异形零件　　D. 曲面类零件

三、判断题（正确的在括号内打"√"，错误的打"×"）

1. 数控钻床是一种能够控制刀具移动轨迹的数控机床。（　　）

2. 立式机床的主轴位于垂直方向。（　　）

3. 数控车削中心可以归类成加工中心。（　　）

4. 数控机床比普通机床的生产效率高的主要原因是辅助作业时间短。（　　）

5. 既有平面又有孔系的零件不适合在加工中心上加工。（　　）

6. 数控线切割机床是利用两个不同极性的电极在绝缘液体中产生的电蚀现象去除材料而完成加工的。（　　）

第二节　加工中心的组成和典型数控系统

一、填空题（请将正确答案填写在横线上）

1. 加工中心由机床本体、____________、_______________、辅助装置等几部分构成。

2. 刀库通过机械手实现与主轴上刀具的交换，在加工中心上使用的刀库主要有_______刀库和________刀库。

3. 加工中心的冷却方式主要分为__________和__________两种。

4. 我国常用的数控系统有______________、_________________、__________________、________________等。

5. SIEMENS 数控系统中，__________系统采用步进电动机驱动。

二、选择题（请将正确答案的序号填入括号中）

1. 盘式刀库装刀容量一般是（　　）把。

A. 1～24　　B. 1～36　　C. 1～48　　D. 1～100

2.（　　）被认为是数控机床的“大脑”，指挥着数控机床的所有加工动作。

A. 辅助装置　　B. 执行机构　　C. 数控系统　　D. 伺服装置

3.（　　）不属于加工中心辅助装置。

A. 气动装置　　B. 润滑装置　　C. 数控装置　　D. 排屑装置

4.（　　）数控系统是我国自行研制开发的数控系统。

A. 发那科　　B. 西门子　　C. 海德汉　　D. 华中

5. FANUC 数控系统由日本（　　）公司研制开发。

A. 富士通　　B. 三菱　　C. 丰田　　D. 发那科

三、判断题（正确的在括号内打“√”，错误的打“×”）

1. 立式加工中心在安装后，应保证垂直导轨与两水平导轨之间的垂直度等要求。（　　）

2. 斗笠式圆盘刀库通常采用机械手换刀。（　　）

3. FANUC 0i－MC 是用在数控车床上的数控系统。（　　）

4. 数控系统发出的信号经伺服驱动装置放大后才能指挥伺服电动机进行工作。（　　）

5. 不同数控系统的操作面板是一样的。（　　）

第三节　数控加工与数控编程概述

一、填空题（请将正确答案填写在横线上）

1. 数控加工的实质是数控机床按照编制好的________并通过________控制过程，自动地对零件进行加工。

2. 首件试切有两个作用，一是校验所编制的__________，二是校验工件的__________。

3. 手工编程按照分析零件图样、__________________、_______________、编写程序单、_______________、程序校验的步骤进行。

4. 数控编程可分为两类：__________和__________。

5. 实现自动编程的方法主要有四种：________自动编程和__________自动编程、语音式自动编程、会话式自动编程。

6. 数控系统可以识别的指令称为________，制作______的过程称为__________。

二、选择题（请将正确答案的序号填入括号中）

1. 数控加工的内容不包括（　　）。

A. 工件的定位与装夹　　B. 编制数控加工程序

C. 工件的验收与质量误差分析　　D. 绘制图形

2. 对于批量大于（　　）件且刀具更换频繁的工件加工，一般采用自动换刀。

A. 5　　B. 10　　C. 15　　D. 20

3.（　　）不属于数控机床的常用控制介质。

A. 软盘　　B. 移动存储器　　C. 硬盘　　D. 录音笔

三、判断题（正确的在括号内打“√”，错误的打“×”）

1. 加工中心对于单件或很小批量的工件加工，一般采用自动换刀。（　　）

2. 数控铣床/加工中心根据加工需要，常通过数控系统本身具备的固定循环功能来简化编程。（　　）

3. 手工编程适合形状简单、计算方便、轮廓由直线或圆弧组成的简单零件的加工。（　　）

4. 数控铣床/加工中心广泛采用子程序编程的方法，而其中的主程序主要用于完成换刀及子程序调用等工作。（　　）

第四节　数控铣床/加工中心编程基础知识

一、填空题（请将正确答案填写在横线上）

1. __________是为了确定机床的运动方向和移动距离而建立的坐标系，该坐标系也称为__________。

2. 在右手笛卡儿坐标系中，拇指的方向为____轴的正方向，食指指向____轴的正方向，中指指向____轴的正方向。

3. 在机床坐标系中，平行于_______的方向为 Z 轴，而____轴的方向一般为水平方向。

4. 机床原点是数控机床进行加工运动的___________点，该点一般设在坐标轴____方向的极限点处。

5. 返回参考点指令 G28 设定中间点的目的是防止______在返回参考点过程中与______

或______发生干涉。

6. SIEMENS系统中，返回固定点指令为____。

7. 当工件对称时，一般以工件的__________作为 *XY* 平面的原点；当工件不对称时，一般取工件上的__________________作为工件原点。

8. 一个完整的程序由________________、________________和________________三部分组成。

9. FANUC系统的程序号以字母____开头，其后为____位______，数字前的零可省略。

10. 对于程序段后的程序注释，FANUC系统用"______"括起来，而SIEMENS系统则跟在符号"____"之后。

11. 程序段格式有三种：________________程序段格式、________________程序段格式、________________程序段格式。

12. 作为主程序结束标记的M代码有______和______，SIEMENS系统的子程序结束标记为______或字符________。

13. 构成零件轮廓的不同几何元素的连接点称为__________。

14. 常用的CAD绘图软件有________________和__________________等。

15. 手工编程过程中，常用的拟合计算方法有________________、________________和________________等几种。

二、选择题（请将正确答案的序号填入括号中）

1. 对于机床坐标系，一般规定（　　）工件和刀具间距离的方向为正方向。

A. 减小　　B. 增大　　C. 不改变　　D. 皆可

2. 对于卧式数控铣床，从主轴向工件看，水平向（　　）为 *X* 轴的正方向。

A. 右　　B. 左　　C. 前　　D. 后

3. 程序段前加符号"/"表示（　　）。

A. 程序停止　　B. 程序暂停　　C. 跳跃　　D. 单段运行

4. 下列FANUC系统的程序号中，表达错误的是（　　）。

A. O66　　B. O666　　C. O6666　　D. O66666

5. 下列代码中，在程序里可以省略、可以次序颠倒的是（　　）。

A. O　　B. G　　C. N　　D. M

6. 对于立式加工中心，工件坐标系 *Z* 轴的原点一般取在工件的（　　）较合适。

A. 下平面　　B. 上平面　　C. 对称中心　　D. 任意位置

7. 程序内容应具备六个基本要素，但不包括（　　）。

A. 准备功能字　　B. 尺寸功能字　　C. 进给功能字　　D. 注释字

8. 允许程序号开头前两位可以是任意字母的数控系统是（　　）数控系统。

A. 发那科　　B. 西门子　　C. 三菱　　D. 华中

9. 相邻基点间可以有（　　）个几何元素。

A. 1　　B. 2　　C. 3　　D. 4

10. 在曲线拟合过程中，编程允许误差 $\delta_{允}$ 一般取零件公差的（　　）。

A. 1/10～1/5　　B. 1/5～1/3　　C. 1/15～1/10　　D. 1/3～1/2

三、判断题（正确的在括号内打“√”，错误的打“×”）

1. 确定机床坐标系的方向时永远假定工件相对于静止的刀具而运动。（　）
2. 确定坐标系中各坐标轴时，总是先确定 Z 轴，再确定 Y 轴，最后确定 X 轴。（　）
3. 机床原点是机床上设置的一个固定的点，一般情况下不允许用户进行更改。（　）
4. 机床参考点一定和机床原点重合。（　）
5. 所有数控系统在同一机床中的程序号不能重复。（　）
6. G29 指令一定要编制在 G28 指令之后才能正常使用。（　）
7. 通过零点偏置设定的工件坐标系，当机床关机后再开机，其坐标系将消失。（　）
8. 工件坐标系原点的设定要便于尺寸计算、检查，一般与零件图样的尺寸基准一致。（　）
9. 不同的数控系统，其程序格式是相同的。（　）
10. FANUC 系统中，程序号 O0030 可以写成 O30。（　）
11. 程序段号只能由数控系统自动生成，程序段号的递增量可以通过机床参数进行设置。（　）
12. SIEMENS 系统中，子程序 L20 和子程序 L020 是相同的程序。（　）
13. 逼近线段的近似区间越大，节点数量越多，相应的逼近误差也就越小。（　）
14. 采用 CAD 绘图分析法可以避免大量复杂的人工计算，操作方便，基点分析精度高，但出错概率大。（　）

第五节　数控机床的有关功能及规则

一、填空题（请将正确答案填写在横线上）

1. 数控系统常用的系统功能有________、________、________三种，这些功能是编制数控程序的基础。
2. T01 D02 表示选用______及选用__________中的补偿值。
3. 根据加工的需要，进给功能分为______进给和______进给两种，其单位分别用______和______表示。
4. 主轴的转速分为线速度 v 和转速 n 两种，前者用 G 代码______表示，后者用 G 代码______表示，两者的关系为________。
5. 主轴正转用指令______表示，主轴反转用指令______表示，主轴停转用指令______表示。
6. 一经指定，在程序中能保持持续有效的代码称为______指令，又称为____指令。仅在编入的程序段内才有效的代码称为______指令，又称为______指令。
7. 平面选择指令可分别用 G17、G18、G19 来表示，其中 G17 表示选择______平面，G18 表示选择______平面，G19 表示选择____平面。
8. ______是指程序中坐标功能字后面的坐标以原点作为基准，坐标指令用 G90 来表示。

________是指程序中坐标功能字后面的坐标以刀具起点作为基准，坐标指令用G91来表示。

9. 程序中的进给速度，对于直线插补，为机床各坐标轴的____________；对于圆弧插补，为________________________。

10. 在实际操作过程中，可通过机床操作面板上的主轴倍率开关来对主轴转速进行修正，一般其调整范围为__________。

二、选择题（请将正确答案的序号填入括号中）

1. “G00 G01 G02 G03 X100.0 ……;”指令中实际有效的G代码是（　　）。

A. G00　　B. G01　　C. G02　　D. G03

2. 当执行程序段“G90 G00 X20.0 Y30.0; G91 G01 X10.0 Y20.0 F100; X－40.0 Y－70.0;”后，在工件坐标系中的刀具位置为（　　）。

A. X－40.0，Y－70.0　　B. X－10.0，Y－20.0

C. X20.0，Y30.0　　D. X10.0，Y20.0

3. 以下指令中，（　　）是辅助功能指令。

A. M03　　B. G90　　C. Y30.0　　D. S600

4. 数字单位以脉冲当量作为最小输入单位时，指令“G91 G01 X100;”表示移动距离为（　　）mm。

A. 100　　B. 10　　C. 0.1　　D. 0.001

5. SIEMENS系统中表示米制的G代码是（　　）。

A. G20　　B. G21　　C. G70　　D. G71

6. 已知刀具直径为D，主轴转速为1 000 r/min，其切削线速度为（　　）m/min。

A. πD　　B. $2\pi D$　　C. $1\ 000\pi D$　　D. $\pi D/1\ 000$

7. （　　）不属于开机默认代码。

A. G04　　B. G01　　C. G80　　D. G94

8. 与G03不属于同组代码的是（　　）。

A. G00　　B. G33　　C. G80　　D. G02

9. 当输入X10.3456时，经系统处理后的数值为（　　）。

A. X10.3456　　B. X10.345　　C. X10.346　　D. X10

10. FANUC系统中选择米制、增量尺寸进行编程，应使用的G代码为（　　）。

A. G20 G90　　B. G21 G90　　C. G20 G91　　D. G21 G91

11. 关于程序段“G94 G90 G00 X0 Y0; G01 X30 Y40 F100;”，当执行G01指令时，在X方向刀具的移动速度为（　　）mm/min。

A. 100　　B. 80　　C. 60　　D. 40

三、判断题（正确的在括号内打“√”，错误的打“×”）

1. 从G00到G99的100种G代码中，每种代码都具有具体的含义。（　　）

2. 当前我国使用的各种数控系统只允许使用两位数的G代码。（　　）

3. 准备功能字G代码主要用来控制机床主轴的开停、切削液的开关和工件的夹紧与松开等机床准备动作。（　　）

4. “G94 G01 X20.0 F1.5;”表示刀具的进给速度是 1.5 mm/min。 （ ）

5. “G90 G94 G40 G80 G17 G21 G54;”指令中出现了多个 G 代码，因此该程序段不是一个规范的程序段。 （ ）

6. 所有的 F、S、T 代码均为模态代码。 （ ）

7. 数控系统中对每一组代码都选取其中一个作为开机默认代码。 （ ）

8. G18 平面的第一坐标轴为 Z 轴。 （ ）

9. 在 SIEMENS 系统的同一程序段中，可以同时指定增量坐标和绝对坐标。 （ ）

第六节 数控铣床/加工中心编程的常用功能指令

一、填空题（请将正确答案填写在横线上）

1. 快速点定位指令为______，直线插补指令为______，G02 指令表示______________，G03 指令表示_________________。

2. FANUC 数控机床面板上的按键“F0”“F25”“F50”和“F100”可对________移动速度进行调节。

3. 当圆弧圆心角小于或等于 180°时，程序中的 R 用______表示；当圆弧圆心角大于 180°并小于 360°时，R 用______表示。

4. 圆弧编程中的 I、J、K 值是指圆弧的_______相对于其_________分别在_______________上的增量值。

5. G04 指令一般用于________、______等加工的光整加工。

6. FANUC 系统中与调用子程序有关的 M 代码是______和______，而与切削液有关的 M 代码是_____和_____。

二、选择题（请将正确答案的序号填入括号中）

1. 下列指令中，无须指定速度的是（ ）。

A. G00 B. G01 C. G02 D. G03

2. 下列轨迹中，（ ）轨迹肯定不是 G00 的刀具轨迹。

A. 直线 B. 圆弧 C. 斜线 D. 折线

3. 指令“G04 X10.0;”表示刀具（ ）。

A. 暂停 10 min B. 暂停 10 s

C. 暂停 1 s D. 不正确的格式

4. 下列圆弧加工指令中正确的是（ ）。

A. G19 G02 X50.0 Z150.0 R100.0; B. G17 G02 X50.0 Y150.0 R−100.0;

C. G17 G03 X50.0 Z150.0 R100.0; D. G18 G03 X50.0 Y150.0 R−100.0;

5. 以下功能指令中，与 M00 指令功能类似的是（ ）。

A. M01 B. M02 C. M03 D. M04

6. 执行指令“G54; G53; G00 X0.0 Y0.0 Z0.0;”后，刀具所到达的位置为（ ）。

A. 刀具当前点　　B. 机床原点　　C. 编程原点　　D. 加工中心换刀点

7. 在程序执行过程中，程序结束后返回主程序开头的代码是（　　）。

A. M30　　B. M02　　C. M17　　D. M99

三、判断题（正确的在括号内打“√”，错误的打“×”）

1. G01 指令的刀具轨迹肯定是一条连接起点和终点的直线轨迹。（　　）
2. 在 G01 程序段中必须含有 F 指令。（　　）
3. 指令“G02 X__Y__R__;”不能用于整圆插补。（　　）
4. 圆弧编程中的 I、J、K 值和 R 值均有正负值之分。（　　）
5. SIEMENS 系统在圆弧插补中，半径用符号“CR=”表示。（　　）
6. 机床关机后，G54 指令中设定的工件坐标系也将保留。（　　）
7. 数控铣床可以设定 G53～G59 共 7 个不同的工件坐标系。（　　）
8. 只有按下机床控制面板上的“选择停止”开关后，M00 指令才有效。（　　）
9. M30 和 M02 的执行过程一样，无任何区别。（　　）
10. 程序的开始部分和程序的结束部分可编成相对固定的格式，以减少编程的重复工作量。（　　）

四、编程题

分别用圆弧编程的 I、J 方式和 R 方式编写如图 1—1 所示的从 A 点到 B 点的四段程序段，填入表 1—1。

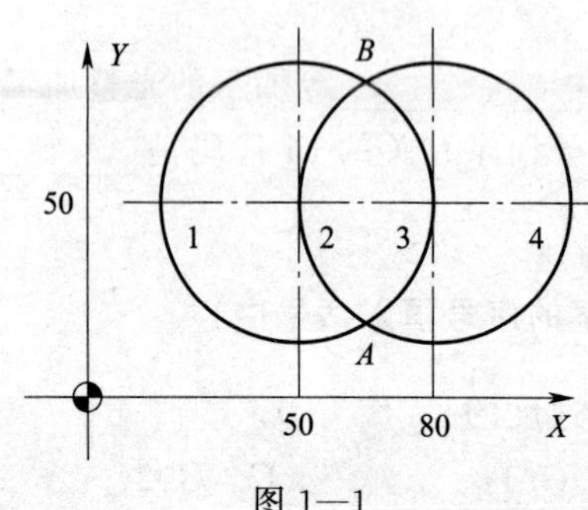

图 1—1

表 1—1

圆弧	编程方式	程序段
AB_1	R 方式	
	I、J 方式	
AB_2	R 方式	
	I、J 方式	
AB_3	R 方式	
	I、J 方式	
AB_4	R 方式	
	I、J 方式	

第七节　基础编程综合实例

一、综合题

1. 找出下列数控铣削加工程序中的错误之处或不规范之处，说明原因，并加以修改。

O12345；
N10 G90 G94 G95 G17 G21 G40；
N20 G91 G28 Z0；
N10 G00 X20.0 Z20.0；
N30 G00 Z30.0；
N40 M30 S600；
N50 G01 Z－5.0；
N60 X40；
N70 G03 X60.0 Y40.0 R20.0；
N80 G02 X60.0 Y80.0；
……
M05；
M99；

2. 找出下列数控铣削加工程序中的错误之处或不规范之处，说明原因，并加以修改。

O0010；
N10 G90 G95 G17 G21 G40 G54；
N20 G91 G28 Z0；
N30 M05 S600；
N40 M06 T03；
N50 G00 X30.0 Y30.0；
N60 G01 Z30.0；
N70 G00 Z－5.0
N80 G01 X20.0 Y20.0 F60；
N90 G01 Y40.0 F1.0；
N100 X40.0；
N110 Y20.0；
N120 X20.0；
N130 Z30.0；
N140 G90 G28 Z0；
N150 M05；
N160 M09；

3. 根据下列程序在 G17 平面内画出加工轮廓并填写表 1—2，快进速度为 1.5 m/min。

```
O0030;
N10 G90 G94 G17 G21 G40 G54;
N20 G91 G28 Z0;
N30 G00 X-30.0 Y-30.0;
N40 Z30.0;
N50 M03 S600;
N60 G01 Z-5.0 F100;
N70 X0 Y0 F200;
N80 Y45.0;
N90 X21.0;
N100 G03 X34.0 Y32.0 I13.0 J0;
N110 G02 X50.0 Y0 I16.0 J-12.0;
N120 G01 X20.0;
N130 X0 Y15.0;
N140 G00 X-30.0 Y-30.0;
N150 G00 Z30.0;
N160 M05;
N170 M30;
```

表 1—2

执行的程序段号	起点坐标（X，Y）	终点坐标（X，Y）	圆弧半径（mm）	进给速度（mm/min）	主轴转速（r/min）
N40					
N90					
N100					
N110					
N150					

二、编程题

1. 编写图 1—2 所示轮廓的数控铣削加工程序。

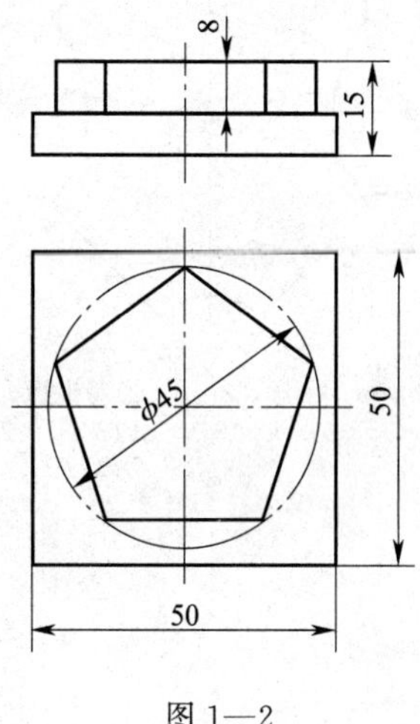

图 1—2

2. 编写图 1—3 所示轮廓的数控铣削加工程序，刀具下刀深度为 5 mm。

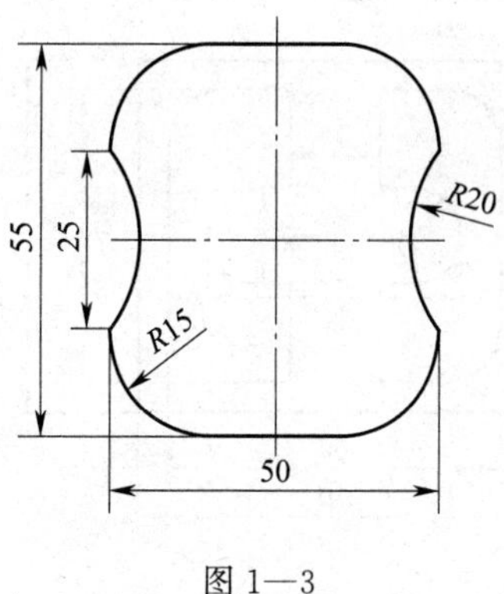

图 1—3

3. 编写图 1—4 所示轮廓的数控铣削加工程序，刀具下刀深度为 5 mm。

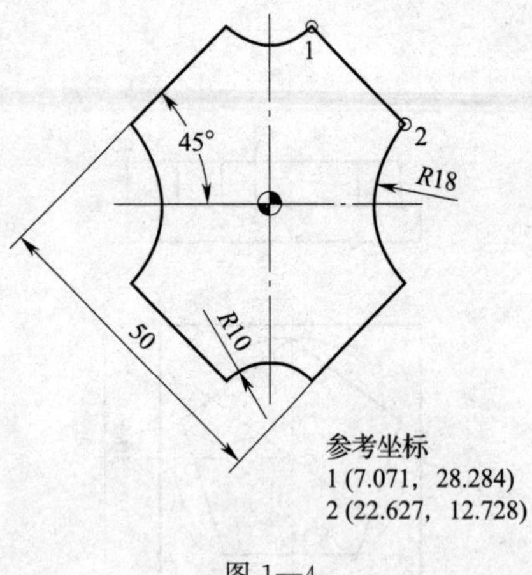

图 1—4

4. 编写图 1—5 所示轮廓的数控铣削加工程序。

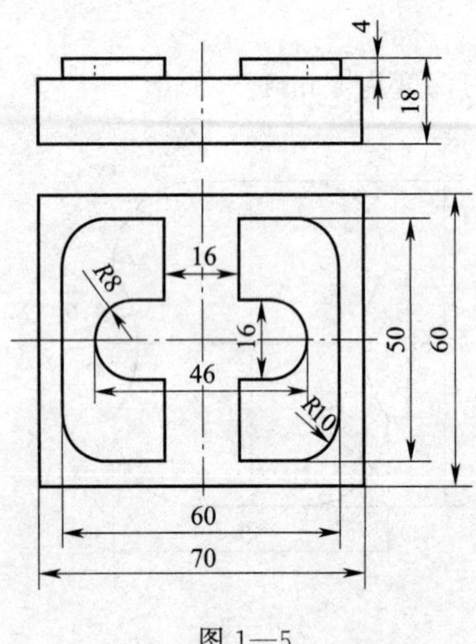

图 1—5

第八节　刀具补偿功能的编程方法

一、填空题（请将正确答案填写在横线上）

1. 数控机床根据实际刀具尺寸自动改变坐标轴位置，使实际加工轮廓和编程轨迹完全一致的功能，称为________功能，分为______________和______________两种。

2. FANUC 系统中刀具长度正补偿用指令________表示，刀具长度负补偿用指令________表示，而 G49 表示________________。

3. 刀位点是对刀和加工的基准点。车刀和镗刀的刀位点是指刀具的______，钻头的刀位点是指________，立铣刀和端面铣刀的刀位点是指刀具__________。

4. 准备功能指令 G41 表示__________________，G42 表示__________________，G40 表示________________。

5. 刀具半径补偿的过程分三步，即___________、___________和___________。

二、选择题（请将正确答案的序号填入括号中）

1. 球头铣刀的刀位点位于（　　）。

A. 球头顶部中心　　B. 球面任意位置

C. 侧刃与球面交点处　　D. 用户自行设定处

2. 在 FANUC 和 SIEMENS 系统中，不用于取消刀具长度补偿的指令是（　　）。

A. D00　　B. G40　　C. G49　　D. H00

3. FANUC 系统中，2 号刀比 1 号刀短 50 mm，2 号刀具长度补偿存储器中的值为 50，则相对于 1 号刀，2 号刀使用的长度补偿指令是（　　）。

A. G43　　B. G44　　C. G49　　D. H00

4. FANUC 系统中，2 号刀具长度补偿存储器中的值 H02=30，则执行指令“G43 G91 G00 Z−100.0 H02;”后刀具 Z 向移动（　　）mm。

A. −130.0　　B. −100.0　　C. −70.0　　D. −30.0

5. 加工中心设置的零点偏置的 Z 值为零，使用指令“G54 G43 G01 Z __H __;”进行编程，则刀具长度补偿存储器中的值为（　　）。

A. 负值　　B. 正值　　C. 零　　D. 不确定

6. 指令“G41 G01 X16.0 Y16.0 D16;”中的 D16 表示（　　）。

A. 刀具的直径是 16 mm　　B. 刀具的半径是 16 mm

C. 刀具表的地址是 16　　D. 刀具在半径方向的偏移量是 16 mm

7. 用 ϕ16mm 铣刀按零件实际轮廓编程加工内轮廓，利用刀具半径补偿保留 0.2 mm 的精加工余量，则设置在该刀具半径补偿存储器中的值为（　　）。

A. 16.2　　B. 15.8　　C. 7.8　　D. 8.2

8. 在 SIEMENS 系统中，如果编程时没有编写 D 指令，则执行指令“G41 G01 X __Y __F __;”时将发生（　　）。

A. 机床报警　　　　　　　　　　B. 执行 G01 时不进行刀具半径补偿

C. D1 指令在该程序段自动生效　　D. 机床停止执行

9. 采用刀具半径补偿模式加工圆柱轮廓，加工后外形尺寸比实际要求尺寸大 0.2 mm，则应将刀补值（　　）后再用原程序重新加工该轮廓。

A. 减 0.2　　B. 减 0.1　　C. 加 0.1　　D. 加 0.2

10. 在 FANUC 系统的刀具补偿模式下，一般不允许存在（　　）段以上的非补偿平面内的移动指令。

A. 1　　B. 2　　C. 3　　D. 4

三、判断题（正确的在括号内打“√”，错误的打“×”）

1. 一般情况下，加工中心采用刀具半径补偿编程可以方便编程中的数值计算，从而实现简化编程的目的。（　　）

2. 在刀具半径补偿模式下，可加工与刀具半径相等的圆弧内角。（　　）

3. 当使用刀具补偿时，刀具号必须与刀具偏置号相同。（　　）

4. 在 SIEMENS 系统中，指令“T01 D01;”和指令“T02 D01;”使用的刀具补偿值是同一刀补存储器中的补偿值。（　　）

5. 刀补建立的过程必须含有 G00 或 G01 指令才有效。（　　）

6. 采用刀具半径补偿进行编程，加工出的轮廓是刀具刀位点所经过的轨迹。（　　）

7. 刀具半径补偿存储器中的偏置值通常采用刀具直径值。（　　）

8. 粗加工时，通常将刀具半径补偿值设为刀具半径减去精加工余量，以保留适当的精加工余量。（　　）

9. 加工中心编程的刀具半径补偿除用 G40 取消外，还可用 D00 取消。（　　）

10. G40 必须与 G41 或 G42 成对使用。（　　）

11. SIEMENS 系统中，指令“T01 D01”中的 D01 既是刀具长度补偿存储器号，又是刀具半径补偿存储器号。（　　）

四、编程题

1. 编写图 1—6 所示工件的数控铣削加工程序（采用刀具补偿功能），并作简要的程序说明，毛坯尺寸为 50 mm×50 mm×15 mm，材料为 45 钢。

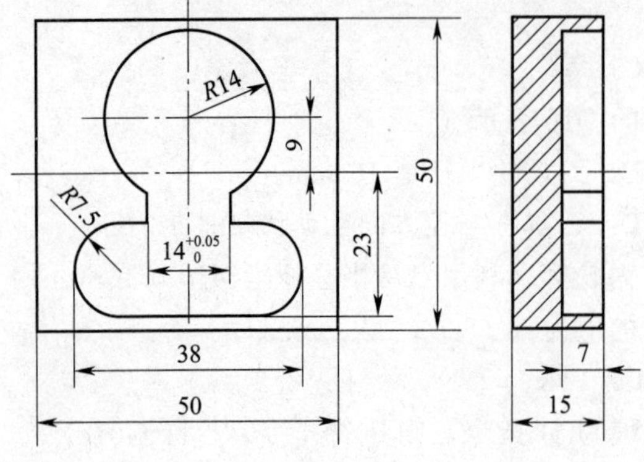

图 1—6

2. 试用刀具半径补偿指令编写图 1—7 所示轮廓的数控铣削加工程序，毛坯尺寸为 ϕ70 mm×10 mm，材料为 45 钢。

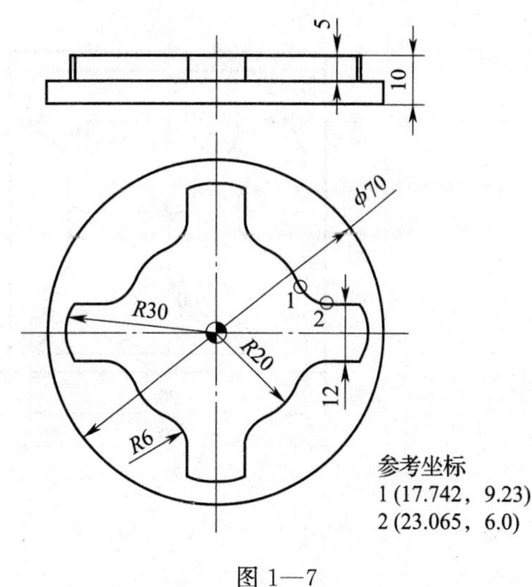

图 1—7

3. 加工图 1—8 所示工件，毛坯尺寸为 50 mm×50 mm×15 mm，试编写其数控铣削加工程序，材料为 45 钢。

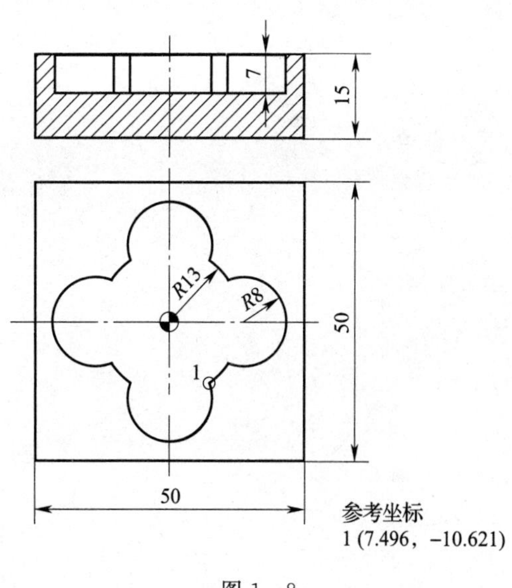

图 1—8

4．加工图 1—9 所示工件，毛坯尺寸为 80 mm×80 mm×15 mm，试编写其数控铣削加工程序，材料为 45 钢。

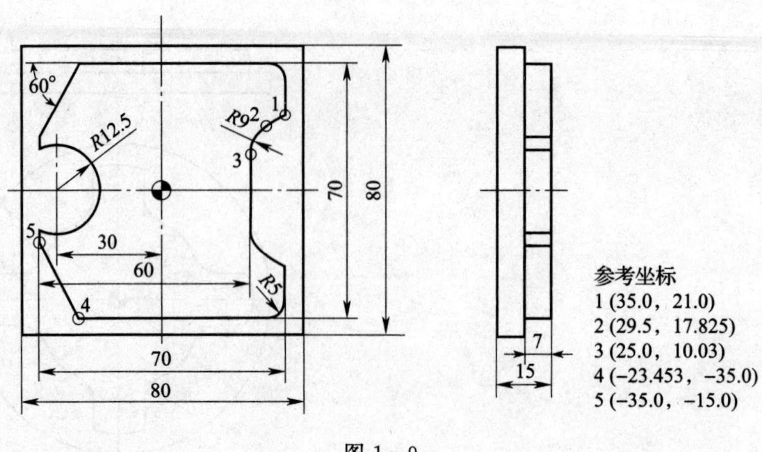

图 1—9

5. 加工图 1—10 所示工件，毛坯尺寸为 ϕ70 mm×10 mm，试编写其数控铣削加工程序，材料为 45 钢。

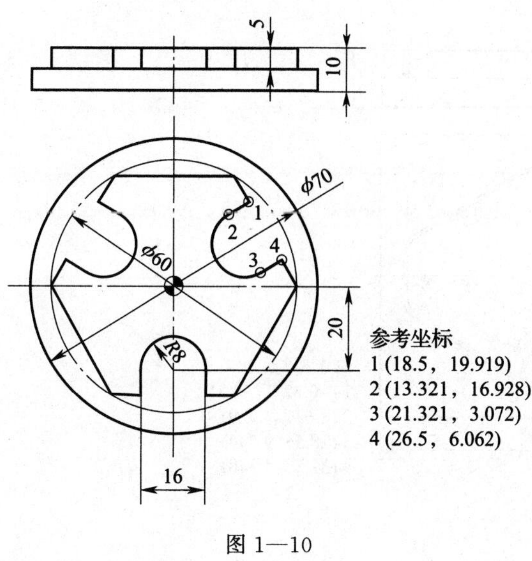

图 1—10

6. 加工图 1—11 所示工件，毛坯尺寸为 72 mm×60 mm×12 mm，试编写其数控铣削加工程序，材料为 45 钢。

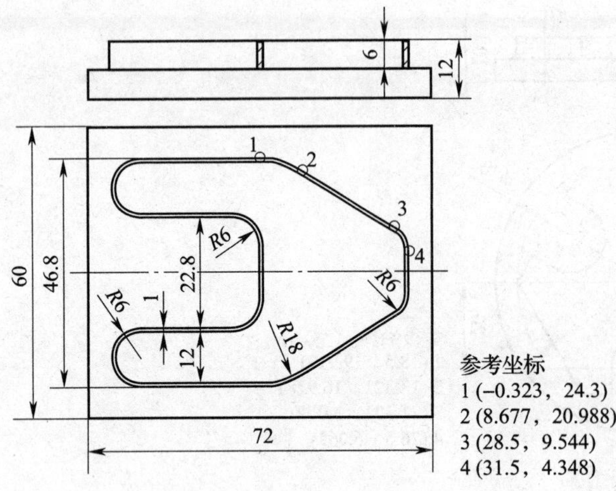

图 1—11

第九节　加工中心的刀具交换功能

一、填空题（请将正确答案填写在横线上）

1. 不同数控系统的加工中心，换刀的动作均可分成__________和__________两个基本动作。

2. FANUC 系统加工中心上，将刀库中 1 号刀转到换刀位置的指令是_____，将换刀位置的刀具与主轴上的刀具进行自动交换的指令是______。

3. 刀具交换是指刀库中正位于____________的刀具与____________的刀具进行自动换刀的过程。

4. SIEMENS 系统换刀子程序号通常为________。

5. 通常情况下，加工中心的换刀点取在靠近机床____向________的位置。

二、选择题（请将正确答案的序号填入括号中）

1. FANUC 系统加工中心机械手换刀，执行指令"M06 T05;"，则对刀库的动作描述正确的是（　　）。

A. 主轴刀具换入刀库中 05 号位置

B. 刀库中的 05 号刀装入主轴

C. 刀库中的 05 号刀转到换刀位置

D. 刀库中的 05 号刀转到换刀位置并与主轴上的刀具交换

2. 在进行换刀前必须实现主轴准停，FANUC 系统主轴准停通常通过指令（　　）来实现。

A. M61　　B. M19　　C. M06　　D. M17

3. FANUC 系统中，为了防止自动换刀过程中出错，系统常自带换刀子程序，子程序号通常为（　　）。

A. O9999　　B. O8888　　C. O8999　　D. O6666

4. 当加工中心的刀库为转盘式刀库且不带机械手时，每次换刀过程要执行（　　）次刀具交换。

A. 1　　B. 2　　C. 3　　D. 4

三、判断题（正确的在括号内打"√"，错误的打"×"）

1. 换刀点应设在工件与夹具的外面，以刀架转位过程中不碰工件和其他部位为准。（　　）

2. 刀具选择是指将刀库中某个刀位的刀具转到换刀位置，为下次换刀作好准备。（　　）

3. 通常带机械手的刀库的换刀速度比不带机械手的刀库慢。（　　）

4. 某带机械手的加工中心，刀库中有 24 个刀位，则机床可用于相互交换的刀具共有 25 把。（　　）

5. 加工中心和数控车床一样，换刀点的位置是任意的。（　　）

第十节　数控铣床/加工中心的维护与保养

一、填空题（请将正确答案填写在横线上）

1. 机床进气口的空气干燥器的检查周期是________，滚珠丝杠螺母副的检查周期是

________，检查、更换直流伺服电动机电刷的周期是________。

2. ____________故障是指机床和系统在某一特定条件下必然出现的故障，____________故障是指偶然出现的故障。

3. 只需通过更换某些元器件即可排除的故障称为______________故障，而____________故障是由编程错误造成的。

4. 自动换刀装置故障常表现为刀库运动故障、__________________、______________、换刀动作卡位和整机停止工作等。

5. 故障常规处理的步骤为__________________________、将可能造成故障的原因全部列出、逐步选择并确定故障产生的原因、________________。

6. 数控铣床/加工中心的操作一定要确保规范，以避免发生______、________和刀具等的安全事故。

二、选择题（请将正确答案的序号填入括号中）

1. 数控机床的电源电压一般允许波动（　　）。

A. ±5%　　B. ±10%　　C. ±15%　　D. ±20%

2. 数控机床上不需要每天维护检查的是（　　）。

A. 机床液压系统　　B. 压缩空气气源

C. 电气柜进气过滤网　　D. 导轨润滑站

3. 数控机床上不定期维护检查的是（　　）。

A. 电气柜通风散热装置　　B. 液压油路

C. 切削液箱　　D. 主轴润滑恒温油路

4. 空运行的进给速度一般比编程用的进给速度（　　）。

A. 慢　　B. 快　　C. 相等　　D. 不一定

5. （　　）不属于进给传动链故障。

A. 机械部件运行中断

B. 机械部件定位精度下降

C. 反向间隙过大

D. 返回基准点时发生超程报警，无减速动作

三、判断题（正确的在括号内打“√”，错误的打“×”）

1. 数控机床的润滑油泵、滤油器每半年要维护检查一次。（　　）

2. 在有空调的环境中使用，会明显地减小数控机床的故障率。（　　）

3. 系统性故障的分析与排除比随机性故障困难得多。（　　）

4. 在数控机床通电的同时按下 MDI 面板上的任何键，可能使数控机床产生数据丢失等误操作。（　　）

5. CNC 与 PMC 参数都是机床厂设置的，通常不需要修改。（　　）

6. 机床回零故障是常见机械故障。（　　）

7. 数控机床关机时要求先关系统电源再关机床电源。（　　）

8. 自诊断功能可以帮助维护人员较容易地找到故障原因。（　　）

第二章　FANUC系统的编程与操作

第一节　FANUC系统功能简介

一、填空题（请将正确答案填写在横线上）

1. ________系列是FANUC公司开发的较新的____位CNC系统，被称为人工智能CNC系统。

2. 准备功能指令以____代码表示，辅助功能指令以____代码表示，常用的其他功能指令有________指令、________指令、________指令等。

3. FS16系列是在______之后开发的产品，其性能介于____和____之间。在显示方面，FS16系列采用了______________等新技术。

4. FS21/FS210系列的数控系统适用于________________。

5. G60的功能是__________________。

二、选择题（请将正确答案的序号填入括号中）

1. G10的功能是（　　）。

A. 准确停止　　B. 可编程数据输入

C. 直线插补　　D. 圆柱插补

2. 在G94、G95、G96、G97四个代码中，开机默认的代码是（　　）。

A. G94、G96　　B. G95、G96

C. G94、G97　　D. G95、G97

3. G33指令中的F是指（　　）。

A. 导程　　B. 进给速度

C. 转速　　D. 以上选项均正确

三、判断题（正确的在括号内打“√”，错误的打“×”）

1. FS15系列适用于大型机床、复合机床的多轴控制和多系统控制。（　　）

2. 00组G代码均为非模态代码。（　　）

3. 不同组的G代码在同一程序段中可以指定多个，而如果在同一程序段中指定了多个同组的G代码，在程序执行过程中会产生报警。（　　）

4. FANUC 0i系统主要用于数控铣床和加工中心。（　　）

第二节　轮廓铣削

一、填空题（请将正确答案填写在横线上）

1. 立铣刀铣削轮廓类零件时，为减少__________，保证零件____________，铣刀的切入和切出点应选在___________________________。

2. "G02/G03 X__ Y__ Z__ R__；"指令中的R值是指________________。

3. 键槽铣刀垂直进刀时选用的进给速度一般为XY平面内进给速度的________。

4. 在铣削轮廓过程中，无法在延长线上切入、切出时，可采用____________进行切入与切出。

5. 内轮廓加工Z向进刀方式主要有________________进刀、钻工艺孔进刀、________________进刀和__________________进刀。

6. 凹槽切削方法分为________________、________________和___________________。

7. FANUC 0i系统指令"M98 P30 L30；"中的P30表示___________________，L30表示________________________。

8. 在FANUC 0i系统中，子程序可以嵌套______级。

9. 子程序主要可用于_____________________________的加工，实现______________，实现______________________。

10. 为了优化加工顺序，通常将每一个独立的工序编写成一个__________，主程序只有____________和____________的命令，从而实现优化程序的目的。

二、选择题（请将正确答案的序号填入括号中）

1. Z向不能进行垂直进刀的刀具是（　　）。

A. 键槽铣刀　　B. 立铣刀　　C. 钻铣刀　　D. 切削刃过中心的铣刀

2. ϕ10 mm的高速钢立铣刀加工内、外轮廓，主轴转速n一般取（　　）r/min，进给速度v_f取100～200 mm/min。

A. 100～300　　B. 300～500

C. 600～800　　D. 800～1 000

3. FANUC系统指令"M98 P×××× L××××；"中省略L及其后的数字，则该指令表示调用子程序（　　）次。

A. 1　　B. 2　　C. 3　　D. 不执行

4. 下列凹槽的切削方法中，（　　）的加工方案最差。

A. 平切法　　B. 环切法

C. 先行切最后环切法　　D. 行切法

5. FANUC 0M系统中指令"M98 P50012；"表示（　　）。

A. 调用子程序O5001两次　　B. 调用子程序0012五次

C. 调用子程序O50012一次　　D. 子程序调用格式错误

三、判断题（正确的在括号内打“√”，错误的打“×”）

1. 内轮廓加工过程中的主要问题是刀具如何切入、切出。（ ）
2. 自动编程的内轮廓铣削广泛使用螺旋线进刀方式。（ ）
3. 三轴联动斜线进刀方式的优点是轮廓平滑过渡、无加工痕迹。（ ）
4. 数控机床的加工程序必须包含主程序和子程序。（ ）
5. 子程序一般都可以作为独立的加工程序使用。（ ）
6. FANUC 系统主程序和子程序的程序名格式完全相同。（ ）
7. 当零件在 Z 方向上的总切削深度比较大时，需采用分层切削方式进行加工。（ ）
8. 子程序结束指令 M99 必须单独书写一行，否则会产生机床误操作。（ ）
9. 对应不同的零件或不同的加工要求，都有唯一的主程序。（ ）
10. 在所有系统中，刀具半径补偿模式在主程序及子程序中可以被分支执行，但在编程过程中应尽量避免编写这种形式的程序。（ ）
11. 在一次装夹中若要完成多个相同轮廓形状工件的加工，编程时可只编写一个轮廓形状的加工程序，然后调用该加工程序。（ ）
12. 子程序中不能进行 G90 与 G91 模式的变换。（ ）
13. 分层切削时，常会出现分层切削的接刀痕迹。（ ）

四、编程题

1. 试用子程序调用指令编写图 2—1 所示轮廓的加工程序，毛坯尺寸为 80 mm×70 mm×20 mm，材料为 45 钢。

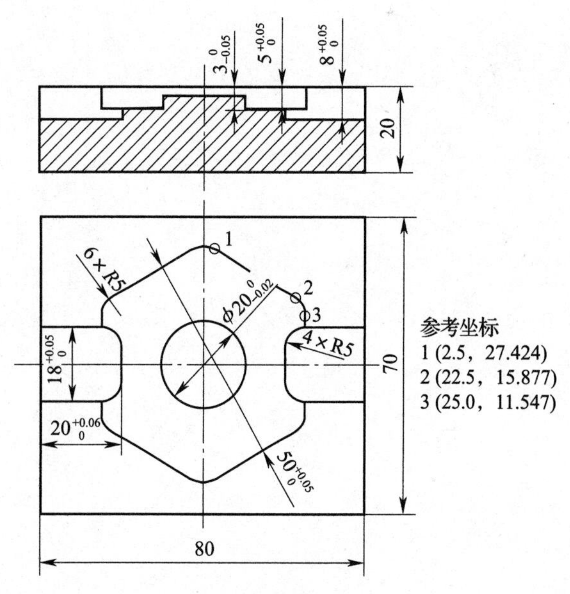

图 2—1

2. 试用子程序调用指令编写图 2—2 所示轮廓的加工程序，毛坯尺寸为 80 mm×80 mm×20 mm，材料为 45 钢。

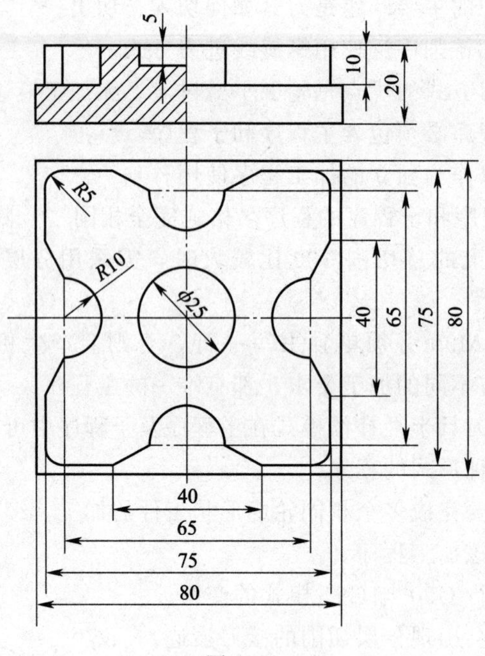

图 2—2

3．试编写图 2—3 所示轮廓的加工程序，毛坯尺寸为 80 mm×60 mm×20 mm，材料为 45 钢。

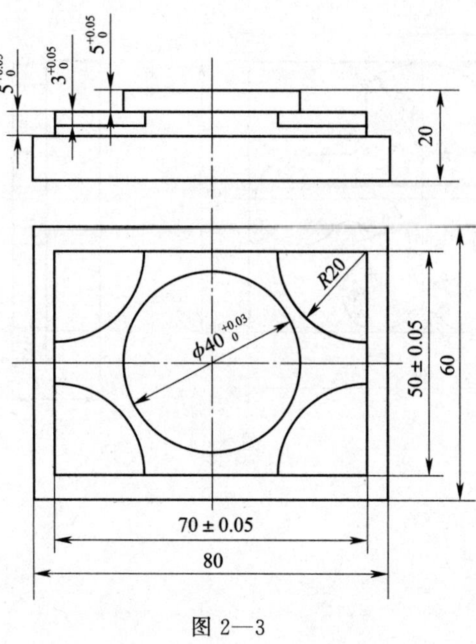

图 2—3

4. 试编写图 2—4 所示轮廓的加工程序，毛坯尺寸为 80 mm×60 mm×20 mm，材料为 45 钢。

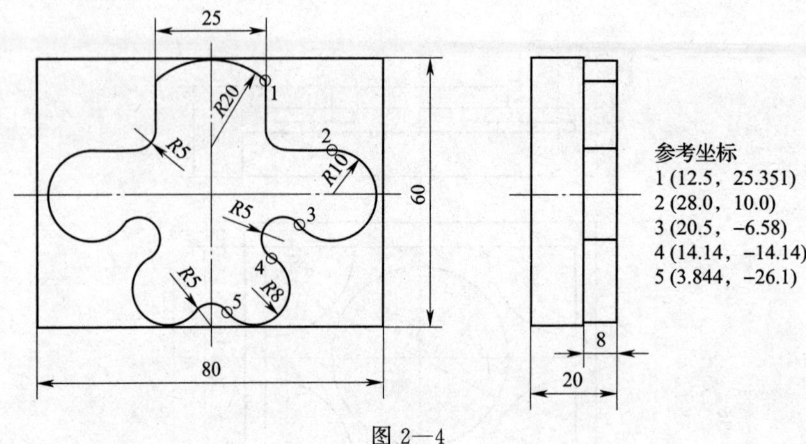

图 2—4

5. 试编写图 2—5 所示轮廓的加工程序，毛坯尺寸为 90 mm×70 mm×20 mm，材料为 45 钢。

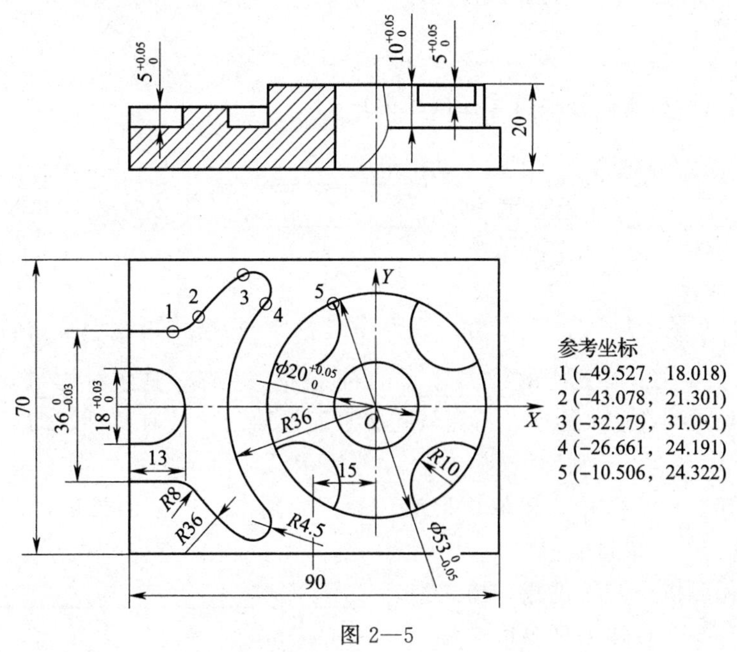

图 2—5

第三节　FANUC 0i 系统的孔加工固定循环

一、填空题（请将正确答案填写在横线上）

1. 孔加工固定循环通常由以下六个动作组成：________、*Z* 向快速进给到 *R* 点、________、孔底部的动作、________和 *Z* 向快速回到起始位置。

2. FANUC 系统孔加工固定循环常用的三个平面从上到下依次为________平面、________平面和________平面。

3. 指令"G89 X__Y__Z__R__Q__P__F__K__;"中的 Q 值指间歇进给时刀具每次________，P 值指刀具在孔底的________，F 值指刀具切削进给时的________。

4. 当刀具加工到孔底平面后，刀具从孔底平面返回的方式有两种，即返回________平面和返回________平面，分别用指令____与____表示。

5. 固定循环 G91 方式中，R 值是指从________到________的矢量值，而 Z 值是指从________到________的矢量值。

6. 钻深孔循环指令 G73 的指令格式为________________________________。

7. 钻孔循环指令 G81 的指令格式为________________________________。

8. 粗镗孔循环指令 G86 的指令格式为________________________________。

9. 精镗孔循环指令 G76 的指令格式为________________________________。

10. 攻螺纹循环指令 G84 的指令格式为________________________________。

11. G83 指令通过 *Z* 轴方向的啄式进给来实现________与________的目的。

12. 当采用 G94 模式指定攻螺纹时的进给量 F 时，进给量 F＝________。当采用 G95 模式时，进给量 F＝______。

13. 确定 *R* 点平面距工件表面的距离时主要考虑工件表面的尺寸变化，一般情况下取________mm。

14. 攻 M10 螺纹，其底孔直径一般为______mm。

15. 固定循环指令 G87 中的 Q 值是指主轴准停后________________。

二、选择题（请将正确答案的序号填入括号中）

1. 孔加工固定循环指令中，除（　　）代码外，其他所有代码都是模态代码。

A. X、Y、Z　　B. R　　C. Q　　D. K

2. FANUC 系统孔加工固定循环中刀具进刀时，自快进转为工进的高度平面通常称为（　　）。

A. 初始平面　　B. 参考平面　C. 孔底平面　D. 任意平面

3. 固定循环中，刀具从初始平面到 *R* 点平面的移动方式（　　）。

A. 由 G00 指令

B. 由 G01 指令

C. 根据不同的固定循环指令确定

D. 由编程决定

4. 固定循环指令中P值的单位是（　　）。

A. s　　B. ms　　C. m　　D. mm

5. 固定循环指令G87在G91方式下的Z值为（　　）值，其他固定循环指令在G91方式下的Z值为（　　）值。

A. 正　负　　B. 负　正　　C. 正　正　　D. 负　负

6. 关于FANUC系统加工中心编程，下列指令中（　　）不是固定循环指令。

A. G71　　B. G73　　C. G76　　D. G83

7. 执行固定循环指令（　　）时，主轴刀具孔底的动作为暂停后变为正转。

A. G74　　B. G76　　C. G84　　D. G86

8. 执行指令“G91 G81 X30.0 Z－40.0 R－20.0 F100 K4；G01 X30.0；”后，总共加工出了（　　）个孔。

A. 1　　B. 4　　C. 5　　D. 8

9. 采用G83进行深孔加工，假设共要进行5次间歇进给，则第二次间歇进给的工进距离等于（　　）值。

A. Q　　B. d　　C. Q＋d　　D. P

10. 常用于深孔加工，且每次间歇进给后刀具回退至*R*点平面进行排屑的指令是（　　）。

A. G73　　B. G76　　C. G83　　D. G86

11. 下列孔加工指令中，能执行孔底暂停的是（　　）。

A. G73　　B. G81　　C. G82　　D. G85

12. 执行固定循环指令（　　）时，主轴刀具到达孔底后退刀时不会经过*R*点平面。

A. G87　　B. G88　　C. G89　　D. G80

13. 工件的编程原点为工件上表面，则执行指令“G00 X30.0；Z15.0；G91 G81 X30.0 Z－30.0 R－10.0 F60 K3；”后，所加工孔的孔底平面的绝对坐标为（　　）。

A. －15.0　　B. －25.0　　C. －30.0　　D. －90.0

14. 执行指令“G00 X30.0；Z15.0；G91 G81 X30.0 Z－30.0 R－10.0 F60 K3；”后，所加工的最后一个孔的绝对坐标X为（　　）。

A. 30.0　　B. 60.0　　C. 90.0　　D. 120.0

15. 下列指令中，刀具以切削进给方式加工到孔底，然后以切削进给方式返回到*R*点平面的是（　　）。

A. G85　　B. G86　　C. G87　　D. G88

16. 下列指令中，刀具以切削进给方式加工到孔底，然后主轴停转，刀具快速退到*R*点平面后主轴正转的是（　　）。

A. G85　　B. G86　　C. G87　　D. G88

17. 下列固定循环指令中，不能用G99方式进行编程的是（　　）。

A. G85　　B. G86　　C. G87　　D. G88

18. 在切削过程中主轴反转，在返回过程中主轴正转的固定循环指令是（　　）。

A. G74　　B. G84　　C. G76　　D. G86

19. 执行G76指令时，刀具从孔底平面以主轴（　　）方式退回*R*点平面。

A. 正转快速进给　　　　B. 正转切削进给

C. 停转快速进给　　　　D. 反转切削进给

三、判断题（正确的在括号内打“√”，错误的打“×”）

1. 初始平面的设定高度一般应高于夹具、工件凸台等的高度。（　）

2. 执行孔加工固定循环程序，刀具在初始平面内的移动是以 G00 方式实现的。（　）

3. 孔加工固定循环除采用 G80 取消外，没有其他取消方法。（　）

4. 钻削通孔时，孔底平面取孔底的 Z 轴高度即可。（　）

5. 在没有凸台等干涉的情况下，加工同一平面的孔系时，为了节省孔系的加工时间，刀具采用 G99 方式返回较为合适。（　）

6. 固定循环 G90 方式中的 R 值是指 R 点相对于工件坐标系的 Z 向坐标值。（　）

7. 孔加工固定循环无须采用刀具半径补偿进行编程。（　）

8. 用 G81 指令加工孔时采用间歇式切削进给。（　）

9. G73 指令的 Q 值没有正负之分，且始终为正值。（　）

10. G83 指令每次间歇进给后的退刀量 d 值由固定循环指令确定。（　）

11. 指令 G73 与 G83 的格式完全相同，因此两指令的执行动作也完全相同。（　）

12. 指令 G81 与 G82 相比，G82 更适合于锪孔或加工台阶孔。（　）

13. 执行指令 G81 与 G82，刀具到达孔底后的退刀方式均为 G00。（　）

14. 指令 G85 的动作与 G88 的动作基本类似，不同之处是 G85 可在孔底编写暂停指令。（　）

15. 在孔加工固定循环开始前，要将刀具移到孔中心的正上方，否则将在刀具当前位置进行孔加工动作。（　）

16. 采用循环指令 G88 镗孔，不仅能相应提高孔的加工精度，还能相应提高镗孔的加工效率。（　）

17. 固定循环指令 G87 在 G91 方式下的 R 值为正值，其他固定循环指令在 G91 方式下的 R 值为负值。（　）

18. 在固定循环指令 G74 前，应先指定主轴反转，该指令才有效。（　）

19. 执行 G87 指令时，刀具将分别在初始平面和孔底平面实现主轴准停。（　）

20. 指令 G76 执行完成返回初始平面后，主轴中心与孔中心发生了偏移，偏移量等于 Q 值。（　）

21. 在用 G74 与 G84 指令攻螺纹期间，进给倍率、进给保持均被忽略。（　）

四、综合题

以下程序为图 2—6 所示工件的孔加工程序（中心钻定位程序没有列出），试更正程序中的不规范之处或不正确之处。

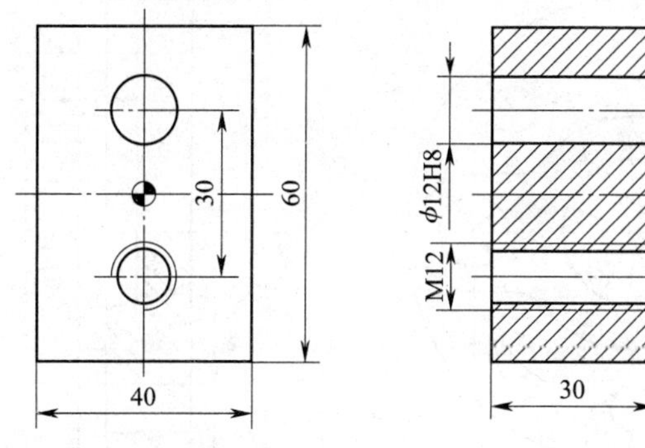

图 2—6

```
O0010;
N010 G90 G94 G81 G21 G54;
N020 G91 G28 Z0;
N025 T01 M06;                    (1 号刀为 φ10.3 mm 钻头)
N030 G90 G00 X0 Y0 Z0;
N040 G43 Z30.0;
N050 M03 S600;
N060 G00 X0 Y-15.0;
N070 G98 G81 X0.0 Y-15.0 Z-35.0 R3.0
     Q5.0 F60;
N080 G01 Y15.0;
N090 G80 G49;
N110 G91 G28 Z0;
N130 M05;
N140 T02 M06;                    (2 号刀为 φ12 mm 铰刀)
N060 G43 Z30.0 H02;
N065 M03 S600;
N070 G98 G81 X0 Y-15.0 Z-30.0 R3.0 F60;
N080 Y15.0;
……
M05;
M30;
```

五、编程题

1. 试用固定循环指令编写图 2—7 所示工件的钻孔、铰孔程序。

2×φ12H7通孔
R10
90°
$20^{0}_{-0.05}$
$\phi25^{+0.05}_{0}$
R20
R30
R8
1
2
56 ± 0.05
φ80
$10^{+0.05}_{0}$
$5^{+0.05}_{0}$
$\phi40^{0}_{-0.05}$
φ8H7
20
参考坐标
1 (16.196，-11.965)
2 (21.448，-10.0)

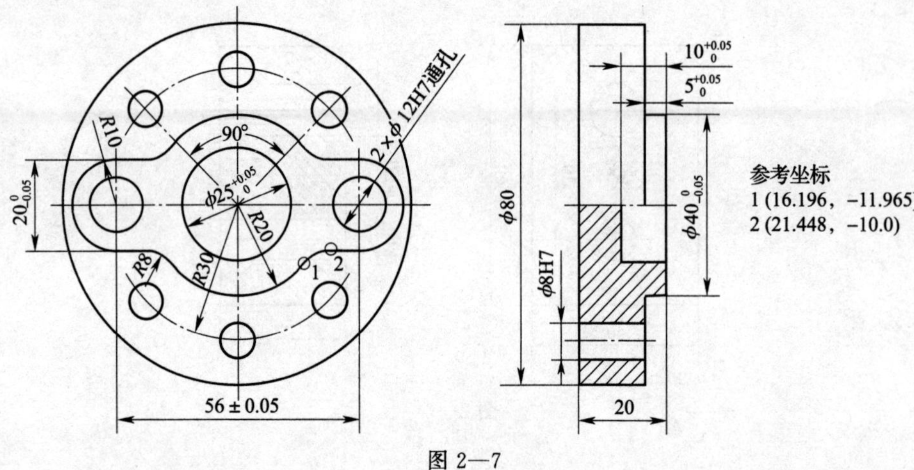

图 2—7

2. 试用固定循环指令编写图 2—8 所示工件的钻孔、扩孔、铰孔、镗孔、攻螺纹程序。

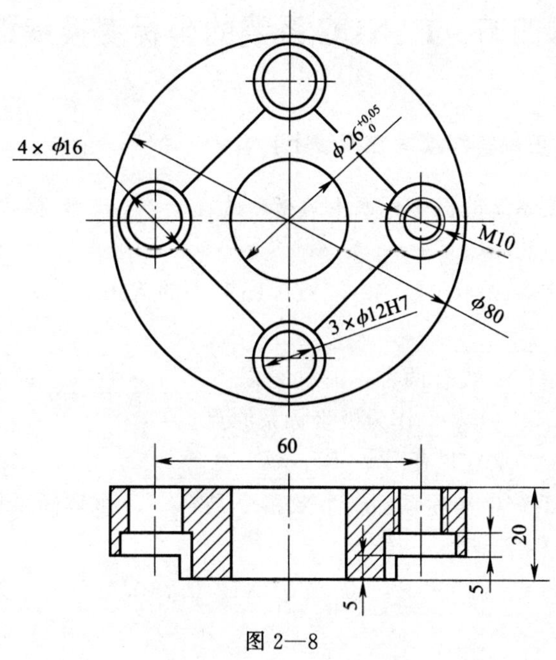

图 2—8

第四节 FANUC系统的坐标变换编程

一、填空题（请将正确答案填写在横线上）

1. FANUC 0i 数控系统的极坐标系生效指令为__________，极坐标系取消指令为__________。

2. 指令“G90 G17 G16；G01 X50.0 Y60.0；”中的 X50.0 表示______________，而 Y60.0 表示______________。

3. 极坐标系原点指定方式有两种，一种是以____________原点作为极坐标系原点，另一种是以_______________作为极坐标系原点。

4. 指令“G52 X0 Y0 Z0；”表示______________。

5. 在 FANUC 0i 系统中坐标系旋转生效指令是____，而坐标系旋转取消指令是____，坐标系旋转指令后的坐标字是指______________。

6. 执行指令“G68 X0 Y10.0 R45.0；G01 X10.0 Y10.0；”后，刀具中心所处位置的坐标是______________。

7. 指令“G68 X20.0 Y20.0 R－30.0；”表示以坐标点____________作为旋转中心，______旋转 45°。

8. 指令“G51 X __ Y __ Z __ P __；”中的 X、Y、Z 值有两个作用：第一，选择____________；第二，指定____________。P 值为__________。

9. FANUC 0i 系统中采用的镜像编程指令有________和________，相应的镜像取消指令有________和________。

10. 当指令“G51 X __ Y __ I __ J __；”中的 I、J 值为负值且不等于－1 时，执行该指令表示既进行________又进行________。

11. 指令“G17 G51.1 Y20.0；”表示________________________。

12. 执行指令“G51 X0 Y0 ________；G01 X－20.0 Y15.0；”，刀具中心所处位置的坐标为（20.0，－30.0）。

13. 将下列角度中的分值换算成度值：10°36′＝______°，45°54′＝______°。

14. FANUC 0i 系统的 G51 指令具有____________和__________功能。

二、选择题（请将正确答案的序号填入括号中）

1. 对于直角坐标系中的坐标点（10.0，10.0），当以编程原点作为极坐标系原点时，则该点的极坐标为（　　）。

A. （10.0，10.0）　　B. （10.0，45°）

C. （14.14，10.0）　　D. （14.14，45°）

2. 在 G19 平面内采用极坐标编程时，用该平面地址字（　　）指定极坐标角度，而（　　）轴的正方向为极坐标角度零度方向。

A. Y *Z*　　B. Z *Z*　　C. Z *Y*　　D. Y *Y*

3. 下列功能中，FANUC 0i 系统的 G51 指令不具有的是（　　）功能。

A. 比例缩放　　B. 镜像　　C. 镜像缩放　D. 坐标系旋转

4. 指令“G51 P2000;”的缩放中心为（　　）。

A. 编程原点　　B. 机床原点

C. 当前刀具中心点　　D. 无缩放中心

5. 简写指令“G51;”的缩放比例为（　　）。

A. 2.0　　B. 1.5

C. 不等比例缩放　　D. 由系统参数确定

6. 如果在比例缩放程序中编写刀具半径补偿，则刀补程序段写在缩放程序段的（　　）。

A. 内部　　B. 外部　　C. 无所谓　　D. 不能编写刀补程序

7. 下列值中除（　　）外，比例缩放对其他值无效。

A. 刀具半径补偿值　　B. 刀具长度补偿值

C. 刀具磨耗值　　D. 圆弧插补半径值

8. 对于 G17 平面内不等比例缩放的圆弧插补，圆弧的半径将根据（　　）进行缩放。

A. I、J 值中的较大值　　B. I、J 值中的较小值

C. I、J 值不等比例　　D. 系统参数指定的缩放比例

9. 执行指令“G51 X0 Y10.0 I2.0 J1.5; G01 X－10.0 Y20.0;”后，在 *XY* 平面内刀具中心所处位置的坐标为（　　）。

A. (－10.0，20.0)　　B. (－20.0，30.0)

C. (－20.0，25.0)　　D. (－25.0，30.0)

10. 在比例缩放状态下能够指定的 G 代码为（　　）。

A. G27　　B. G54　　C. G92　　D. G41

11. 在执行以下镜像指令过程中，刀具半径补偿的偏置方向与镜像前没有变化的是（　　）。

A. G51.1 X10.0 Y10.0;　　B. G51 X10.0 I－1.0;

C. G51.1 X1.0;　　D. G51.1 Y10.0;

12. 指令“G17 G51 X10.0 Y0 I－1.0 J1.0;”表示以（　　）进行镜像。

A. 坐标点 (10.0，10.0) 为对称点

B. 过点 (10.0，0) 且平行于 *Y* 轴的轴线为对称轴

C. 坐标点 (－1.0，1.0) 为对称点

D. 过点 (10.0，10.0) 且平行于 *X* 轴的轴线为对称轴

13. 执行指令“G51 X0 Y0 I－2.0 J－1.0; G01 X－10.0 Y20.0;”后，在 *XY* 平面内刀具中心所处位置的坐标为（　　）。

A. (－10.0，20.0)　　B. (－20.0，－20.0)

C. (20.0，20.0)　　D. (20.0，－20.0)

14. 指令“G68 X15.0 Y20.0 R30.0;”中的“X15.0 Y20.0”是指（　　）。

A. 坐标系旋转的起点坐标　　B. 坐标系旋转的终点坐标

C. 坐标系旋转的旋转中心　　D. 坐标系旋转的旋转半径与旋转角度

15. 执行指令“G68 X20.0 Y0 R30.0；G01 X10.0 Y0 F100；”后，刀具中心所处位置的坐标为（　　）。

A.（10.0，0.0）　　B.（8.66，5.0）

C.（11.04，－5.0）　　D.（11.04，5.0）

三、判断题（正确的在括号内打“√”，错误的打“×”）

1. 通常情况下，图样尺寸以半径与角度形式标示的零件以及圆周分布的孔类零件采用极坐标编程较为合适。（　　）

2. G52 设定局部坐标系的参考基准是当前设定的有效工件坐标系原点。（　　）

3. 进行坐标系旋转编程后，刀具半径补偿的偏置方向将发生变化，即左刀补变为右刀补，而右刀补相应变成左刀补。（　　）

4. 在坐标系旋转方式中，不能指定坐标系零点偏置指令 G54 至 G59，但能指定返回参考点指令 G28。（　　）

5. 当选择 G18 平面后，该平面中的极坐标半径用所选平面的地址 Z 来指定。（　　）

6. 极坐标编程中，既可用增量值编程方式也可用绝对值编程方式来指定刀具当前位置作为极坐标系原点。（　　）

7. 圆弧插补指令能采用极坐标编程。（　　）

8. 当以刀具当前位置作为极坐标系原点时，所有极坐标角度与编程坐标系无关，而只与刀具当前点有关。（　　）

9. 指令“G51 I1.5 J2.0 P2000；”中的 P 值不能用小数点指定，且 P2000 表示等比例缩放的缩放比例为 2.0。（　　）

10. 不等比例缩放不能指定三根轴同时进行比例缩放。（　　）

11. 等比例缩放对固定循环中 Q 值与 d 值都无效。（　　）

12. FANUC 0i 系统进行等比例缩放编程时，缩放前相切的圆弧与直线经过等比例缩放后依然相切。（　　）

13. 执行指令“G51.1 X10.0；”后，原程序中的 G41 指令变成了 G42 指令。（　　）

14. 坐标系旋转指令中的 R 值表示坐标系旋转的角度，角度只能取 0°～360°的正值。（　　）

15. 不能在坐标系旋转指令中执行镜像指令或比例缩放指令，也不能在坐标系旋转指令中执行刀具半径补偿指令。（　　）

16. 在指定平面内执行沿某轴的镜像指令时，如果程序中有坐标系旋转指令，则坐标系旋转方向相反。（　　）

17. 对于 FANUC 0i 系统，在坐标系旋转取消指令之后的第一个移动指令必须用绝对值指定，否则将不执行正确的移动。（　　）

四、编程题

1. 试用比例缩放指令编写图 2—9 所示工件的加工程序，毛坯尺寸为 ϕ100 mm×15 mm，材料为 45 钢。

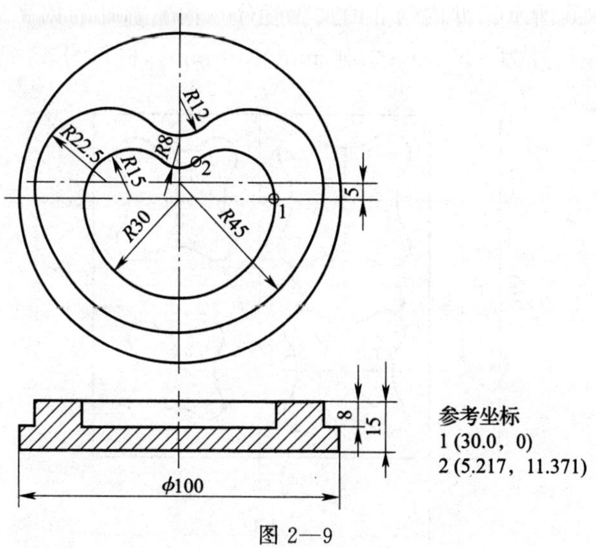

图 2—9

2. 试编写图 2—10 所示工件内轮廓的加工程序（内轮廓处的数字为图形缩放系数），加工深度为 5 mm，毛坯尺寸为 100 mm×100 mm×10 mm，材料为 45 钢。

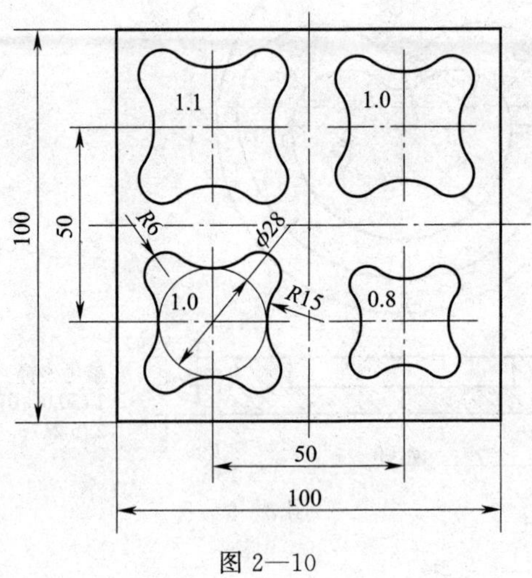

图 2—10

3. 试编写图 2—11 所示工件的加工程序，毛坯尺寸为 70 mm×70 mm×15 mm，材料为 45 钢。

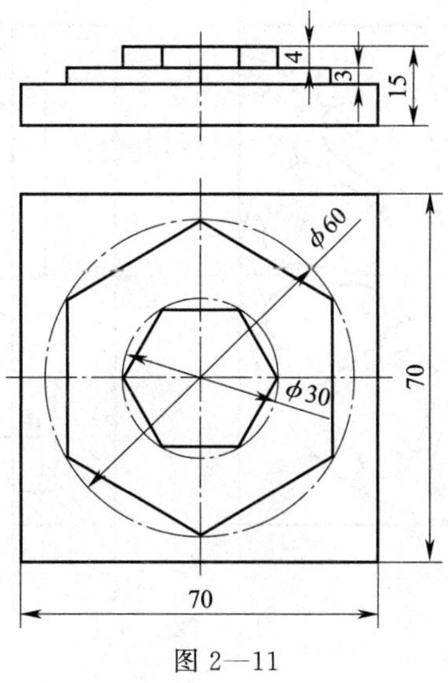

图 2—11

4．试编写图 2—12 所示工件的加工程序，毛坯尺寸为 120 mm×120 mm×25 mm，材料为 45 钢。

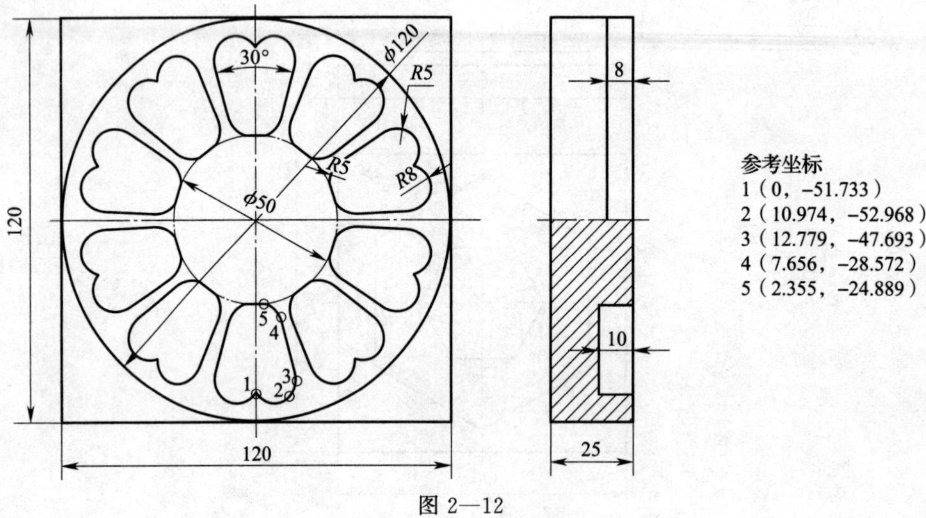

图 2—12

5. 试编写图 2—13 所示工件的加工程序，毛坯尺寸为 170 mm×125 mm×25 mm，材料为 45 钢。

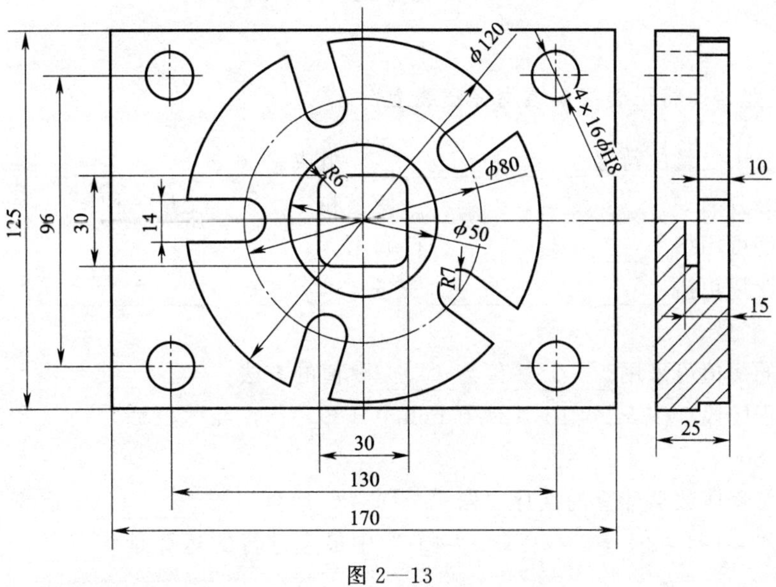

图 2—13

第五节　B类型用户宏程序

一、填空题（请将正确答案填写在横线上）

1. 宏程序中变量由符号______和__________组成。

2. 变量可分为________变量、________变量和________变量三种。

3. 宏程序可用指令______与______进行调用。

4. 系统变量包括__________________变量、_______________________变量、____________________变量。

5. 变量的赋值可采用______赋值与______赋值的方法。

6. 关于程序段“G65 P0010 A20.0 F60.0 T80.0;”，经赋值后，____＝20.0，____＝60.0，____＝80.0。

7. 按照宏程序数学计算的次序“先__________运算，再__________运算，后________运算”，指令“＃1＝＃2＋＃3＊SIN［＃4］;”中最先进行的运算是_____________________运算。

8. 若＃1＝5，＃2＝10，则变量＃［＃1＋＃2＋5］表示__________。

9. 若＃100＝10，＃101＝20，＃103＝＃100＊＃101＋50，则“G01 X［＃100＋5］Y－＃101F＃103;”表示______________________。

10. 若＃1＝2.6，执行＃3＝FUP［＃1］，则＃3＝ ______；执行＃3＝FIX［＃1］时，＃3＝______。

11. B类宏程序的有条件转移语句的格式为________________________，循环指令的格式为________________________。

12. 条件转移语句中的EQ表示________，GE表示 ________，LT表示________。

二、选择题（请将正确答案的序号填入括号中）

1. 下列变量中，属于局部变量的是（　　）。

A. ＃10　　B. ＃100　　C. ＃149　　D. ＃500

2. 下列变量在程序中的书写形式中，有错的是（　　）。

A. X－＃100　　B. X［＃1＋＃2］

C. TAN［－＃100］　　D. IF＃100 GE 0

3. 运算指令中，＃i＝SQRT［＃j］代表的意义是（　　）。

A. 最大误差值　　B. 平方根　　C. 数列　　D. 矩阵

4. 运算指令中，＃i＝ABS［＃j］代表的意义是（　　）。

A. 绝对值　　B. 平方根　　C. 积分　　D. 位移

5. 在变量赋值方法中，引数（自变量）I对应的变量是（　　）。

A. ＃5　　B. ＃35　　C. ＃26　　D. ＃4

6. 在变量赋值方法中，引数（自变量）U对应的变量是（　　）。

A. ＃18　　B. ＃19　　C. ＃20　　D. ＃21

7. 18°24′可以表示为（　　）。

A. 18.24°　　B. 18.024°　　C. 18.4°　　D. 18.6°

8.（　　）是作为引数替变量赋值的字母。

A. M　　B. N　　C. O　　D. P

9. 通过指令"G65 P1000 D100.0;"引数赋值后，程序中参数（　　）的初始值为100.0。

A. ＃4　　B. ＃5　　C. ＃6　　D. ＃7

10. B类宏程序指令"IF [＃1GT＃100] GOTO 100;"中的GT表示（　　）。

A. ＞　　B. ＜　　C. ≥　　D. ≤

11. B类宏程序中用于"舍入"的符号是（　　）。

A. ROUND　　B. SQRT　　C. ABS　　D. FIX

三、判断题（正确的在括号内打"√"，错误的打"×"）

1. 当宏程序A调用宏程序B而且都有变量＃100时，则A中的＃100与B中的＃100是同一个变量。（　　）

2. 当＃100＝20时，X＃100表示X＝20。（　　）

3. 系统变量是指有固定用途的变量，它的值决定系统的状态。（　　）

4. 函数中的括号允许嵌套使用，但最多只允许嵌套4级。（　　）

5. B类宏程序的运算指令中函数SIN、COS等的角度单位是度（°），分和秒要换算成带小数点的度。（　　）

6. 指令"G65 P1000 X100.0 Y30.0 Z20.0 F100.0;"中的X、Y、Z值并不代表坐标，F也不代表进给速度。（　　）

7. 指令"IF [＃100LE0] GOTO 200"表示当＃100≥0时，程序跳转到N200程序段执行，如果条件不成立，则执行下一程序段。（　　）

8. 宏程序指令"WHILE [条件式] DO m"中的"m"表示循环执行WHILE与END之间程序段的次数。（　　）

9. 变量赋值方法Ⅰ、Ⅱ的引数可混合使用。（　　）

10. ＃1＝10，＃1＝＃1＋5，那么＃1＝15。（　　）

四、编程题

1. 根据给出的程序，在图2—14中画出刀具中心在*XY*面内的走刀轨迹（函数曲线），并写出其数学表达式。

```
O11;
G98 G40 G80 G54 G90;
M03 S500;
＃101＝－100.0;
G00 X－100.0 Y－95.0;
G01 Z－5.0 F100;
```

```
N100#102=#101+5.0;
G01 X#101 Y#102;
#101=#101+2.0;
IF [#101 LE 100.0] GOTO100;
G01 Z50.0;
M05;
M30;
```

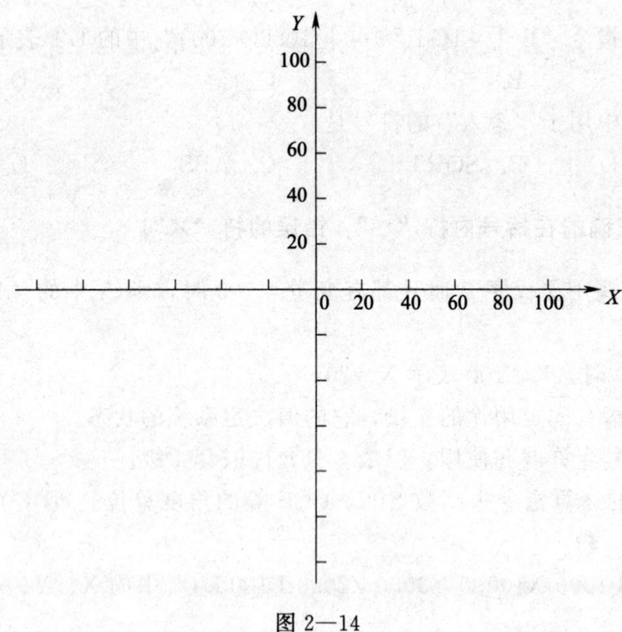

图 2—14

2. 试编写图 2—15 所示工件轮廓的加工程序，毛坯尺寸为 80 mm×80 mm×40 mm，材料为 45 钢。

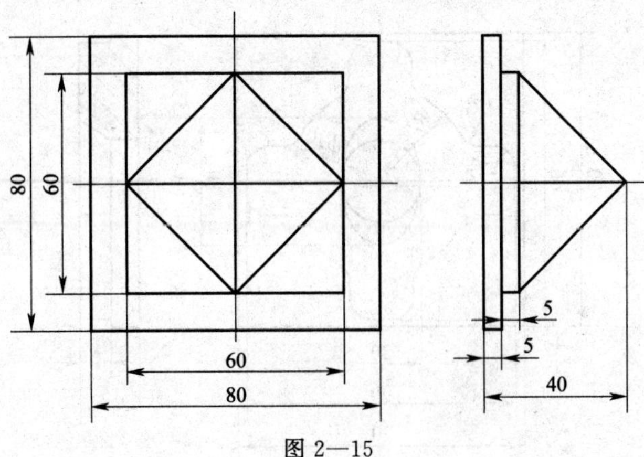

图 2—15

3. 试编写图 2—16 所示工件轮廓的加工程序，毛坯尺寸为 70 mm×70 mm×15 mm，材料为 45 钢。

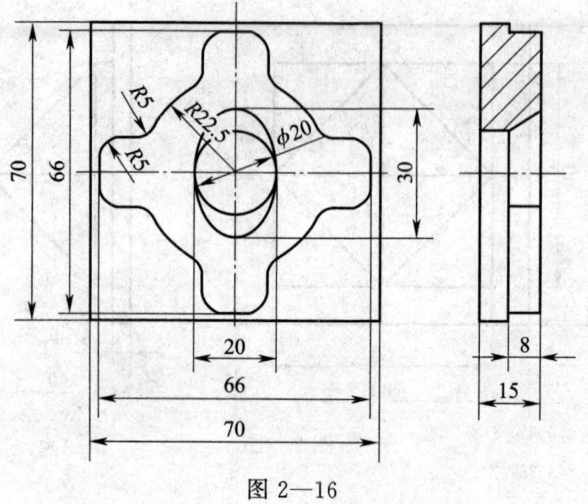

图 2—16

4. 试编写图 2—17 所示工件轮廓的加工程序，毛坯尺寸为 120 mm×80 mm×20 mm，材料为 45 钢。

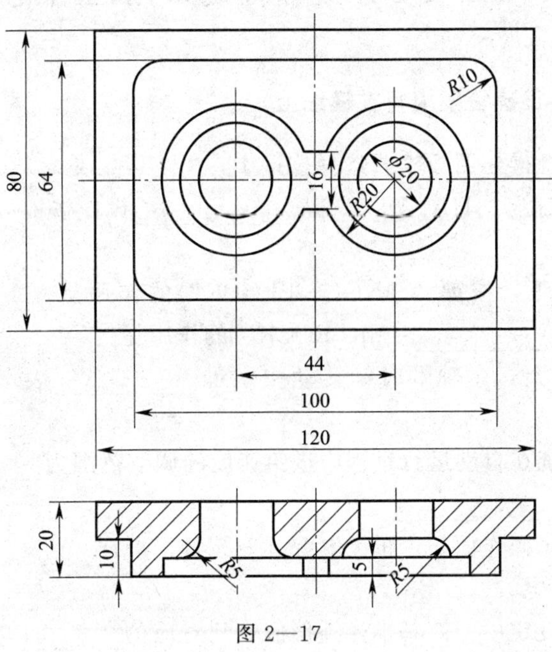

图 2—17

第六节　FANUC 系统数控铣床/加工中心的操作

一、填空题（请将正确答案填写在横线上）

1. FANUC 0i 系统操作面板模式选择按键中，“EDIT”是________操作按键，“MDI”是____________操作按键，“HANDLE”是____________操作按键，“REF”是__________操作按键。

2. 自动运行模式下，按键“SINGLE BLOCK”的作用是________________，“OPT STOP”的作用是_____________，“MC LOCK”的作用是____________。

3. 机床控制面板上，主轴顺时针转动用字母__________表示，主轴逆时针转动用__________表示。

4. FANUC 0i 系统在自动运行过程中进给速度的调节范围为________～150%，主轴转速的调节范围为________～________。

5. 当按下数控机床操作面板上的“电源开”按键，即向__________、__________等机械部分及_________供电。

6. 刀具补偿值的设定中，刀具半径补偿值输到对应的__________里，刀具长度补偿值输到对应的________里，位置不能错。

二、选择题（请将正确答案的序号填入括号中）

1. 机床“急停”按钮通常是通过（　　）来解锁的。
   A. 再次按下　　B. 向外拔出　　C. 旋转开关　　D. 关机重启

2. 用于机床紧急停止的开关是（　　）。
   A. EMG STOP　　B. MACHIAN RESERT
   C. DRY　　D. SBK

3. 在自动运行的机床锁住模式下，（　　）是仍能运行的动作。
   A. 设定主轴转速　　B. 主轴进给
   C. JOG 进给　　D. 快速移动

4. 快速进给倍率开关通常有 4 挡，其中（　　）是最低的快速进给倍率。
   A. F0　　B. F25　　C. F50　　D. F100

5. 向数控系统中输入参数（如刀具参数、坐标系参数）时，输完数值后通常按下（　　）键进行确认。
   A. INPUT　　B. INSERT　　C. ALTER　　D. EOB

6. 在程序手工输入过程中出现报警，一般可通过按下（　　）软键来消除。
   A. DELETE　　B. RESET　　C. CANCER　　D. ALTER

7. 将手轮倍率开关置于“×100”，手轮旋转 360°，刀具移动距离为（　　）mm。
   A. 0.001　　B. 0.1　　C. 10　　D. 100

8. 加工中心在手动返回参考点的过程中，先执行（　　）返回参考点较合适。

A. X 轴　　B. Y 轴　　C. Z 轴　　D. 任意轴

9. 在自动运行状态下，按下循环启动停止键，机床的（　　）功能将停止执行。

A. 主轴转速　　B. 刀具移动

C. 冷却、润滑　　D. 以上均是

10. FANUC 系统在（　　）方式下编辑的程序不能被存储。

A. MDI　　B. EDIT　　C. DNC　　D. 以上均是

11. 在增量进给方式下向 X 轴正向移动 0.1 mm，增量步长选“×10”，则要按下“+X”移动键（　　）次。

A. 1　　B. 10　　C. 100　　D. 1 000

12. FANUC 0 系统中，在程序编辑状态下输入“0−9999”后按下“DELET”键，则（　　）。

A. 删除当前显示的程序　　B. 不能删除程序

C. 删除存储器中所有程序　　D. 出现报警信息

13. 在编辑模式下，光标处于 N10 程序段，键入地址 N200 后按下“DELETE”键，则将删除（　　）程序段。

A. N10　　B. N200

C. N10～N200　　D. N200 之后的

14. 数控机床操作面板上用于程序字更改的按键是（　　）键。

A. ALTER　　B. INSERT　　C. DELETE　　D. EOB

15. 数控机床操作面板上用于机床空运行的按键是（　　）键。

A. SINGLE BLOCK　　B. MC LOCK

C. OPT STOP　　D. DRY RUN

16. 数控机床的坐标轴没有返回参考点，如果按下“快速进给”键，通常会出现（　　）的情况。

A. 不进给　　B. 快速进给

C. 手动连续进给　　D. 机床报警

17. 下列按键或软键中，与按键“SINGLE BLOCK”复选后有效的是（　　）键。

A. AUTO　　B. EDIT　　C. JOG　　D. HANDLE

三、判断题（正确的在括号内打“√”，错误的打“×”）

1. 按下机床“急停”按钮后，除能进行手轮操作外，其余的所有操作都将停止。（　　）

2. 当屏幕上出现“EMG”时，主要原因是发生了程序出错。（　　）

3. 在任何情况下，前面加符号“/”的程序段都将被跳过执行。（　　）

4. 在自动加工的空运行状态下，刀具的移动速度与程序中指令的进给速度无关。（　　）

5. 在自动运行刀具移动过程中进给速度不可调节，必须在刀具移动停止后才可通过进给速度倍率旋钮进行调节。（　　）

6. 数控机床在手动（JOG）模式下，不可以同时控制两个轴的手动进给来加工成形面

或圆弧面。（　　）

7. 图形显示功能可用来校验程序。（　　）

8. FANUC 系统手动返回参考点时，返回点不能离参考点太近，否则数控机床会出现超程报警等。（　　）

9. 手摇进给的进给速度可通过进给速度倍率旋钮进行调节，调节范围为 0～150%。（　　）

10. 当机床出现超程报警时，按下"RESET"（复位）键即可解除超程报警。（　　）

11. 加工中心 Z 轴返回参考点后，如果继续手动向该轴的负向移动，则不会发生超程报警。（　　）

12. 机床返回参考点后，如果按下"急停"按钮，机床返回参考点指示灯将熄灭。（　　）

13. 只有在 MDI 或 EDIT 方式下才能进行程序的输入操作。（　　）

14. FANUC 0 系列加工中心的坐标偏置存储器 NO. 00 EXT 中设定的值不为零，对 G54 设定的坐标系没有影响。（　　）

15. 在插入新程序的过程中，如果新建的程序号为内存中已有的程序号，则新程序将替代原有程序。（　　）

16. 在 EDIT 模式的程序编辑过程中，按下"RESET"键即可使光标跳到程序头。（　　）

17. 数控机床空运行主要用于检查刀具轨迹的正确性。（　　）

18. 在数控机床自动运行的检视状态下，屏幕显示当前正在执行的程序的前 4 个程序段。（　　）

19. 数控机床报警指示灯变亮后，通常通过关闭数控机床面板上的报警指示灯按键来熄灭。（　　）

20. 在自动执行过程中执行了"M00;"程序段后，如果再次按下"循环启动"键，则系统将继续执行 M00 之后的程序段。（　　）

21. 增量进给的最小增量步长是以脉冲当量作为单位的，通常情况下最小增量步长取 0. 001 mm。（　　）

22. 当程序保护开关处于"OFF"位置时，即使在"EDIT"状态下也不能对 NC 程序进行编辑操作。（　　）

四、编程题

1. 加工图 2—18 所示工件，材料为 45 钢，毛坯尺寸为 80 mm×80 mm×20 mm，试编写其数控铣削加工程序，要求如下：

(1) 列出所用刀具和加工顺序。

(2) 编制加工程序。

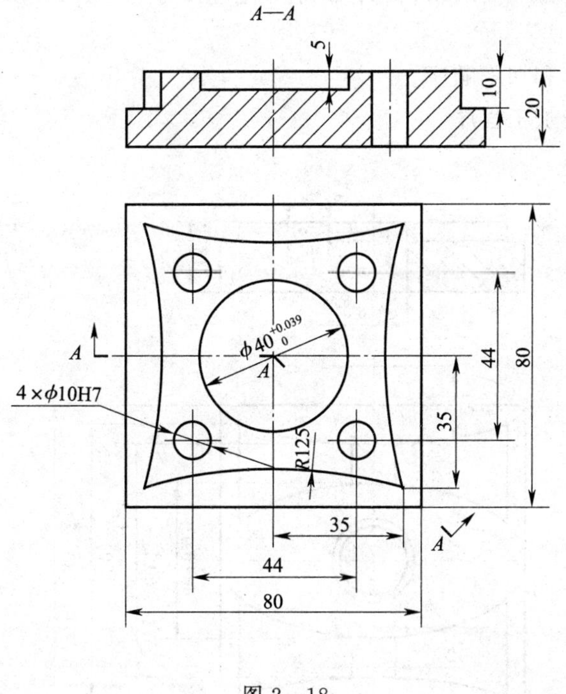

图 2—18

2. 加工图 2—19 所示工件，材料为 45 钢，毛坯尺寸为 80 mm×80 mm×18 mm，要求如下：

（1）列出所用刀具和加工顺序。

（2）编写数控铣削加工程序。

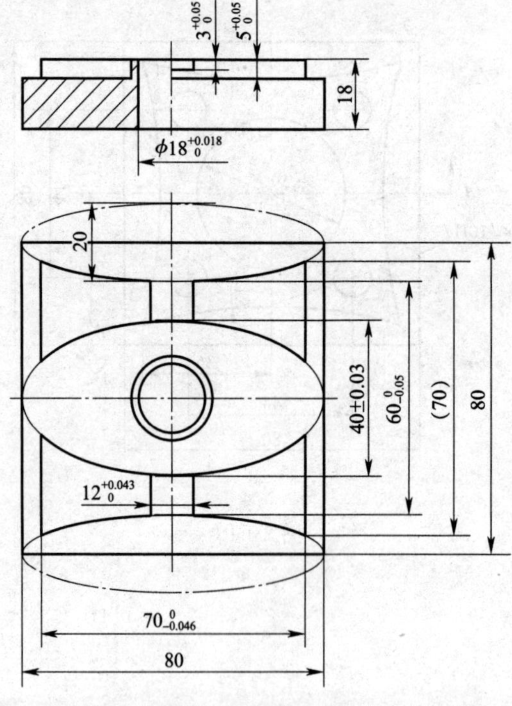

图 2—19

3. 加工图 2—20 所示工件，材料为 45 钢，毛坯尺寸为 80 mm×80 mm×15 mm，要求如下：

（1）列出所用刀具和加工顺序。

（2）编写数控铣削加工程序。

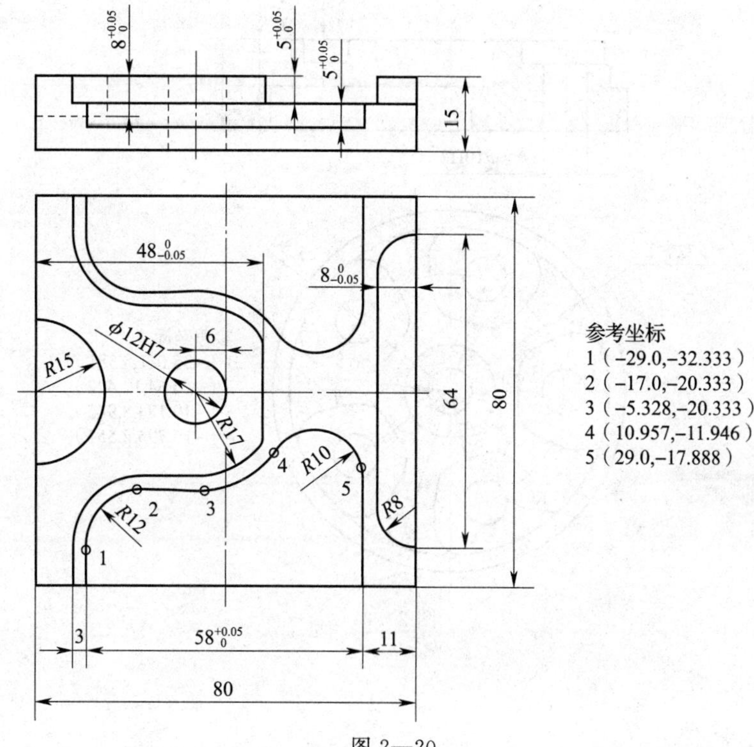

图 2—20

4. 加工图 2—21 所示工件，材料为 45 钢，毛坯尺寸为 ϕ80 mm×20 mm，要求如下：

(1) 列出所用刀具和加工顺序。

(2) 编写数控铣削加工程序。

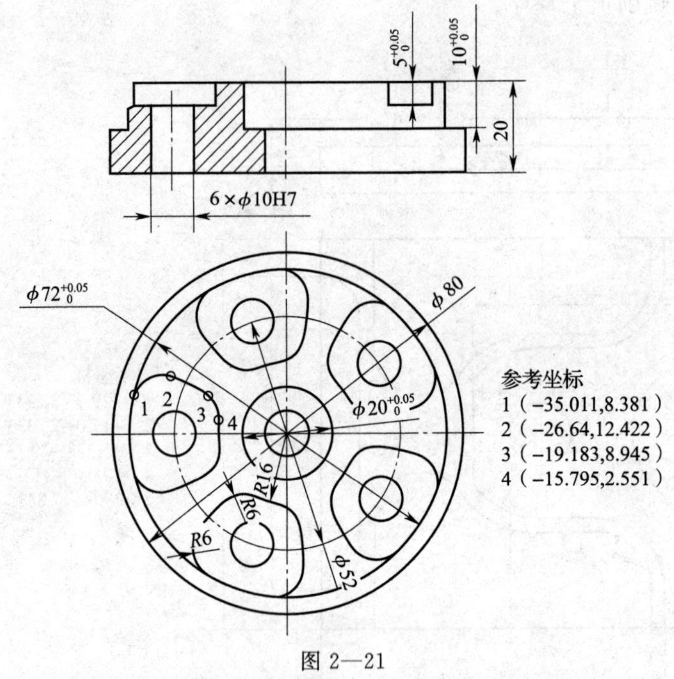

图 2—21

5．加工如图 2—22 所示工件，材料为 45 钢，毛坯尺寸为 80 mm×80 mm×18 mm，要求如下：

（1）列出所用刀具和加工顺序。

（2）编写数控铣削加工程序。

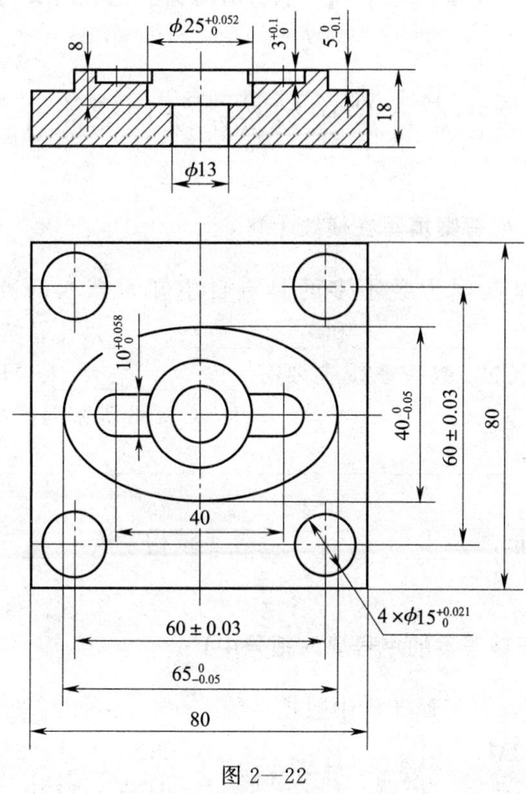

图 2—22

第三章　华中系统的编程与操作

第一节　华中数控系统功能简介

一、填空题（请将正确答案填写在横线上）

1. 华中数控系统是我国为数不多的具有自主知识产权的高性能数控系统，它以______________、______________和______________操作系统为基础。

2. 华中公司生产的 CNC 数控系统主要有____________、HNC－21/22T、HNC－18i/18xp/19xp、HNC－210A、____________、HNC－08 等系列产品。

3. 华中系统可采用__________、________、__________、__________等方式进行数据交换。

4. 华中系统具有性能高、______________、结构紧凑、______________、可靠性高的特点。

二、选择题（请将正确答案的序号填入括号中）

1. 下列系统中，（　　）不属于华中数控系统。

A. HNC－21/22M　　B. HNC－21/22M

C. HNC－210C　　D. HNC－210B

2. 选择 ZX 平面的指令是（　　）。

A. G17　　B. G18　　C. G19　　D. G20

3. 可编程镜像有效的指令是（　　）。

A. G24　　B. G25　　C. G26　　D. G27

4. HNC－21T 数控系统主要应用于（　　）。

A. 数控车床　　B. 数控磨床　　C. 数控铣床　　D. 数控钻床

5. G57 指令表示选择的是（　　）。

A. 工件坐标系 3　　B. 工件坐标系 4

C. 工件坐标系 5　　D. 工件坐标系 6

三、判断题（正确的在括号内打"√"，错误的打"×"）

1. G65 指令的含义是宏程序的非模态调用。（　　）

2. 华中系统的所有指令与 FANUC 指令可通用。（　　）

3. 世纪星 HNC－210B 数控装置应用于数控车床。（　　）

第二节 轮廓铣削

编程题

1. 加工图 3—1 所示工件，材料为 45 钢，毛坯尺寸为 100 mm×100 mm×15 mm，试编写其数控铣削加工程序。

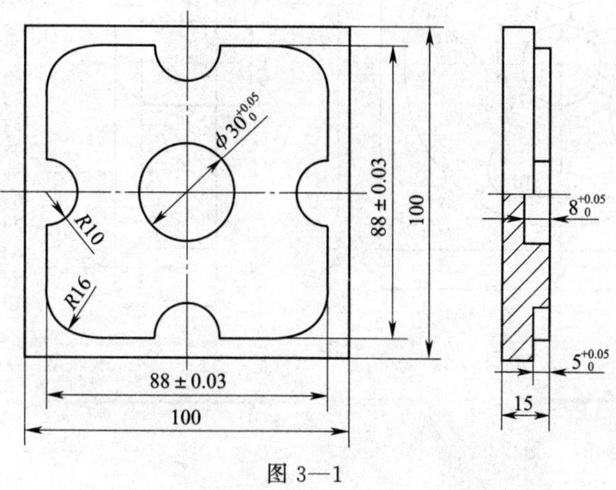

图 3—1

2. 加工图 3—2 所示工件，材料为 45 钢，毛坯尺寸为 70 mm×70 mm×20 mm，试编写其数控铣削加工程序。

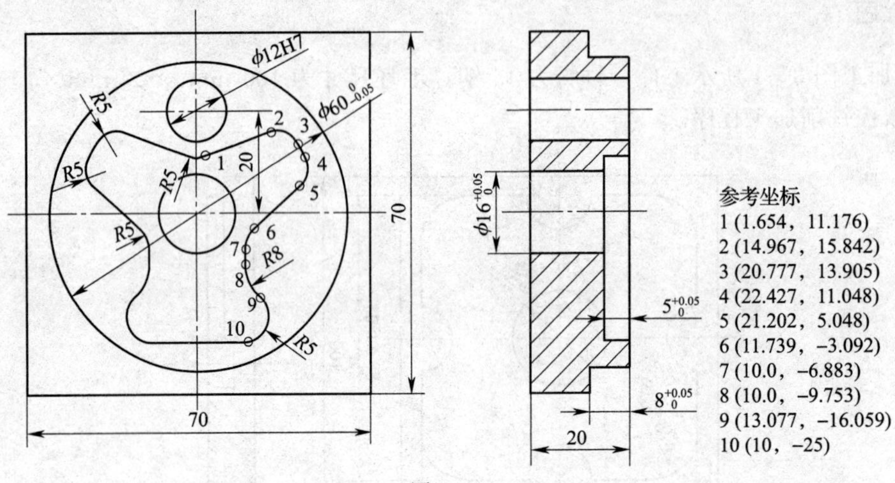

图 3—2

3. 加工图 3—3 所示工件，材料为 45 钢，毛坯尺寸为 ϕ80 mm×20 mm，试编写其数控铣削加工程序。

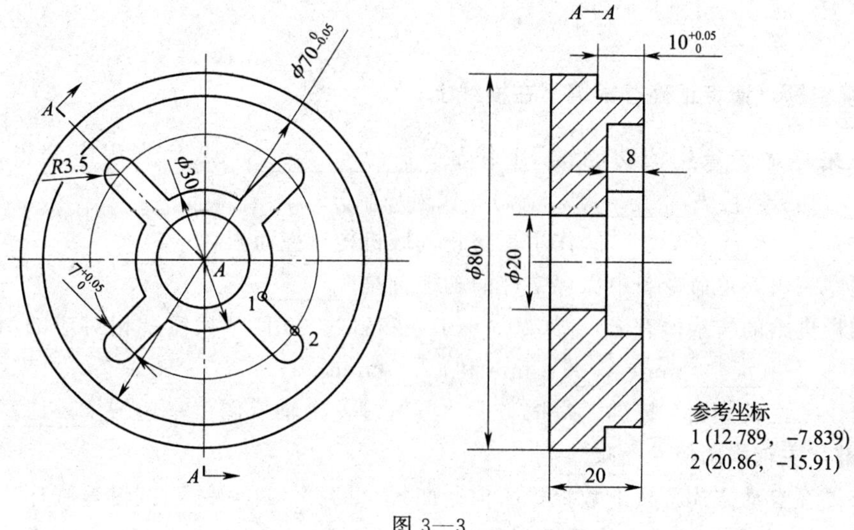

图 3—3

第三节　华中系统数控铣床/加工中心的操作

一、填空题（请将正确答案填写在横线上）

1. 主菜单命令条中的功能键 F1 代表__________，F2 代表程序编辑，F3 代表__________，F6 代表__________，F9 代表显示方式。

2. ________________的作用是防止伺服机构碰撞而损坏。

3. 程序编辑菜单命令条中保存文件的功能键是______。

4. 增量进给的增量值有×1、×10、×100 和×1 000 四个按键，相对应的增量移动量为______mm、_____mm、_____mm 和_____mm。

5. 对于“主轴修调”按键，每按一下“+”键，主轴修调倍率递增______；每按一下“−”键，主轴修调倍率递减______。

6. 如果在自动方式下按下数控机床控制面板上的“______”按键，程序中编制的进给速度被忽略，坐标轴以最大快移速度移动。

7. 空运行不做实际切削，其目的在于________________________________。

8. 图形联合显示模式包含____________、____________、____________和____________显示模式。

9. MPG 手持单元由___________和___________开关组成，主要用于以手摇方式增量进给坐标轴。

10. 系统功能的操作主要通过菜单命令条中的功能键_____～_____来完成。

11. HNC－21M 的功能菜单有__________、程序编辑、__________、MDI、__________、故障报警等项目。

12. 在回参考点过程中出现超程，应按住控制面板上的______按键，向该轴的反方向手动退出超程状态。

13. 在数控机床通电和关机之前，应按下机床__________。

14. 在显示方式菜单下，可以设置________、显示值、________、__________、相对值零点等。

15. 按下“________”按键，进行手动操作，显示屏上的坐标值虽然发生变化，但是不输出伺服轴的移动指令，所以机床停止不动。

二、选择题（请将正确答案的序号填入括号中）

1. 顺时针旋转手摇脉冲发生器一格，*X* 轴将向（　　）移动一格增量值。

A. 正向　　B. 负向
C. 正向和负向都有可能　　D. 先正向后负向

2. 系统启动复位后，默认的工作方式是（　　）。

A. 点动　　B. 回零　　C. 自动　　D. 不确定

3. 手动数据输入（MDI）操作不包括（　　）。

A. 坐标系数据设置　　B. 刀库表数据设置

C. 刀具表数据设置　　D. 文件管理数据设置

4. 退出数据传输的按键是（　　）。

A. Alt＋E　　B. Alt＋F　　C. Alt＋Q　　D. Alt＋S

5. 手动连续进给方式下，进给速度为系统参数最高快移速度的（　　）乘以进给修调的进给倍率。

A. 1/2　　B. 1/3　　C. 1/5　　D. 1/10

6. 系统参数的设置与修改需要权限，其中（　　）的权限最高。

A. 用户　　B. 数控厂家

C. 机床厂家　　D. 机床维修人员

三、判断题（正确的在括号内打“√”，错误的打“×”）

1. 在自动运行暂停状态下，除了能从暂停处重新启动继续运行外，还可以控制程序从任意行执行。（　　）

2. 切换显示模式时，系统会重画以前的刀具轨迹。（　　）

3. 当要返回主菜单时，按子菜单下的 F10 键即可。（　　）

4. 进给保持按键不能起到暂停运行程序的作用。（　　）

5. 检查操作面板上的指示灯是否正常是数控机床通电后必做的步骤。（　　）

6. 关闭数控机床的步骤：按下“急停”按钮，先断开伺服机构电源，再断开数控系统电源，最后断开机床电源。（　　）

7. 软极限位置参数在开机后就有效。（　　）

8. 维修人员可以通过数控机床显示的报警信息准确地确定程序错误与故障，并修改程序、排除故障。（　　）

9. 如果所输入 MDI 指令信息不完整或语法错误，数控系统不会提示错误信息，也不执行 MDI 指令。（　　）

10. 数控机床空运行状态下，坐标轴都以最大快移速度移动。（　　）

11. 对于图形显示参数一般不需要输入，系统会自动选择最优化的图形显示参数。

（　　）

12. 自动运行过程中可进入 MDI 运行方式。（　　）

四、编程题

1. 加工图 3—4 所示零件，试用固定循环指令编写孔加工程序，材料为 45 钢。

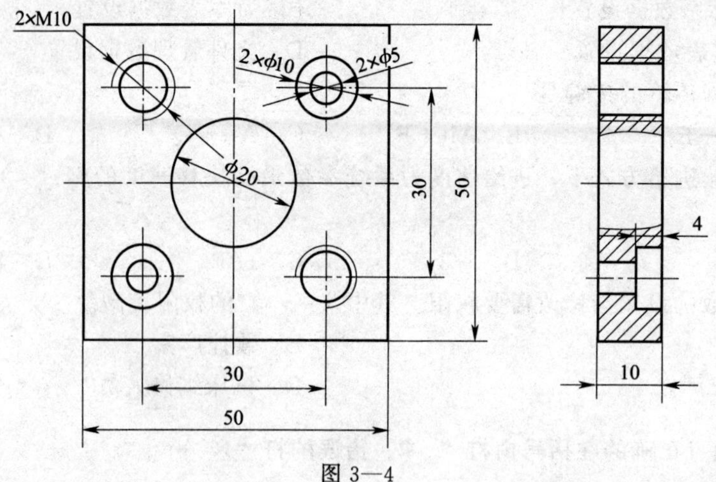

图 3—4

2. 加工图 3—5 所示零件，方板厚 20 mm，材料为 45 钢。试用固定循环指令 G70（圆周钻孔循环）、G79（棋盘孔循环）编写通孔加工程序。

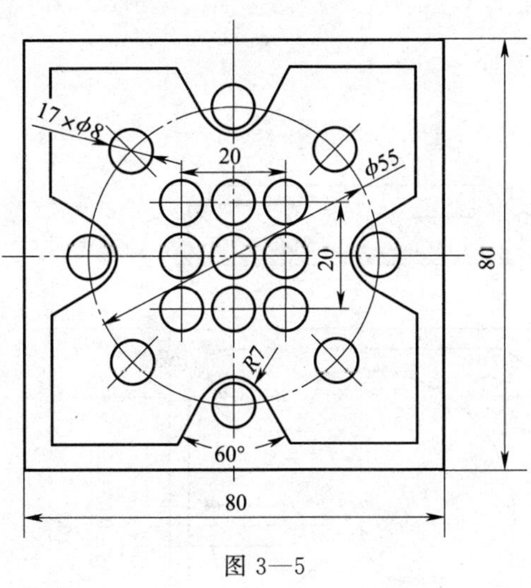

图 3—5

3. 加工图 3—6 所示零件，材料为 45 钢，毛坯尺寸为 100 mm×100 mm×20 mm，要求如下：

（1）列出所用刀具和加工顺序。

（2）编写数控铣削加工程序。

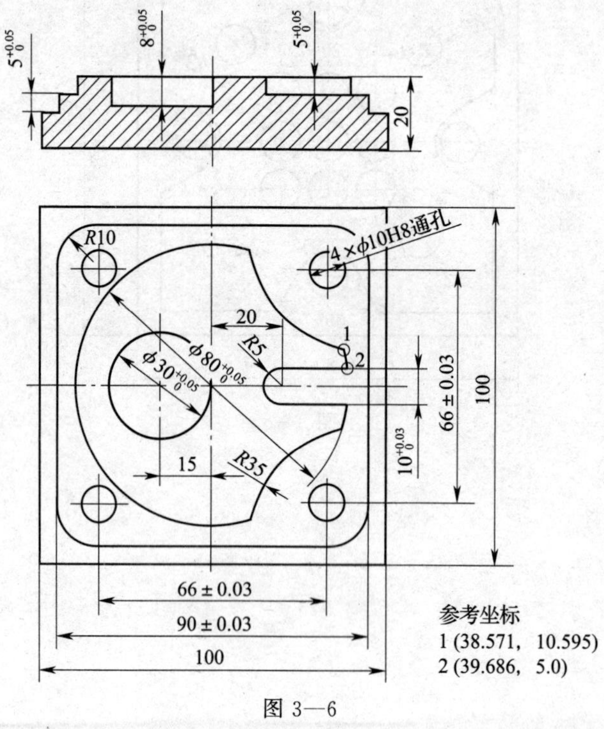

图 3—6

4. 加工图 3—7 所示零件，材料为 45 钢，毛坯尺寸为 $\phi80$ mm×20 mm，要求如下：

（1）列出所用刀具和加工顺序。

（2）编写数控铣削加工程序。

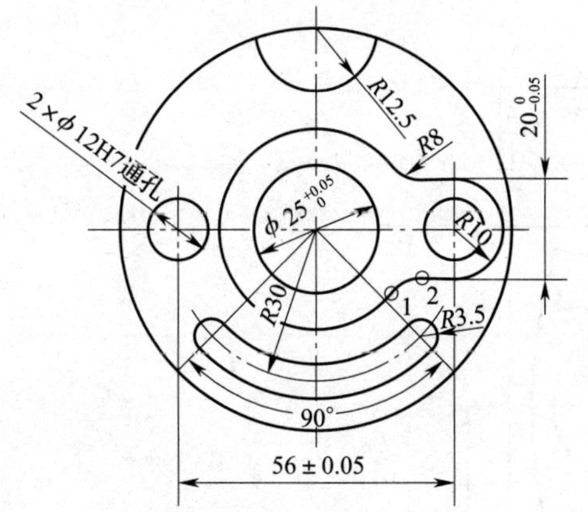

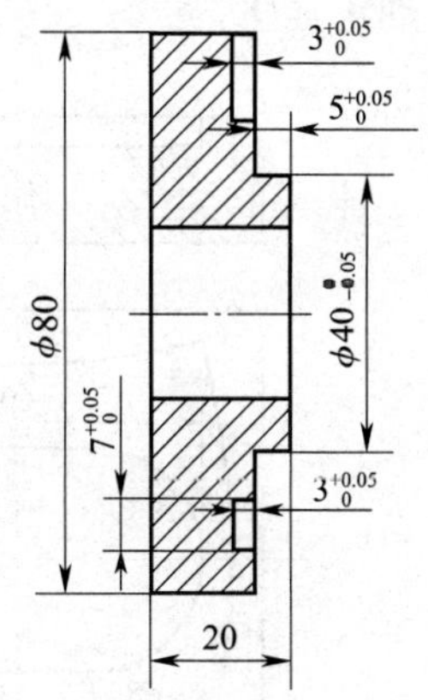

参考坐标

1（15.32，-12.857）

2（21.448，-10.0）

图 3—7

5. 加工图 3—8 所示零件，材料为 45 钢，毛坯尺寸为 80 mm×80 mm×20 mm，要求如下：

（1）列出所用刀具和加工顺序。

（2）编写数控铣削加工程序。

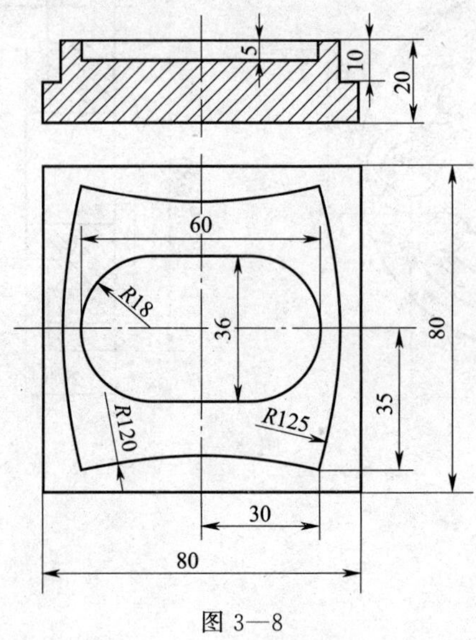

图 3—8

6. 加工图 3—9 所示零件，材料为 45 钢，毛坯尺寸为 $\phi80$ mm×20 mm，要求如下：

（1）列出所用刀具和加工顺序。

（2）编写数控铣削加工程序。

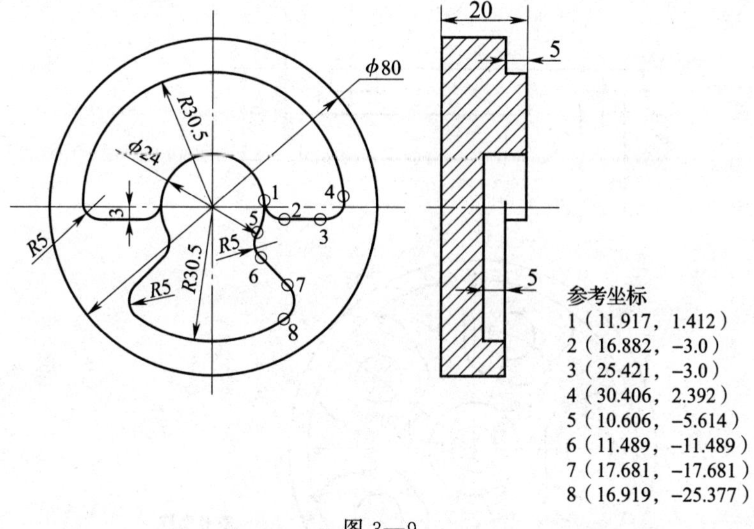

图 3—9

7．加工图 3—10 所示零件，材料为 45 钢，毛坯尺寸为 ϕ80 mm×20 mm，要求如下：

（1）列出所用刀具和加工顺序。

（2）编写数控铣削加工程序。

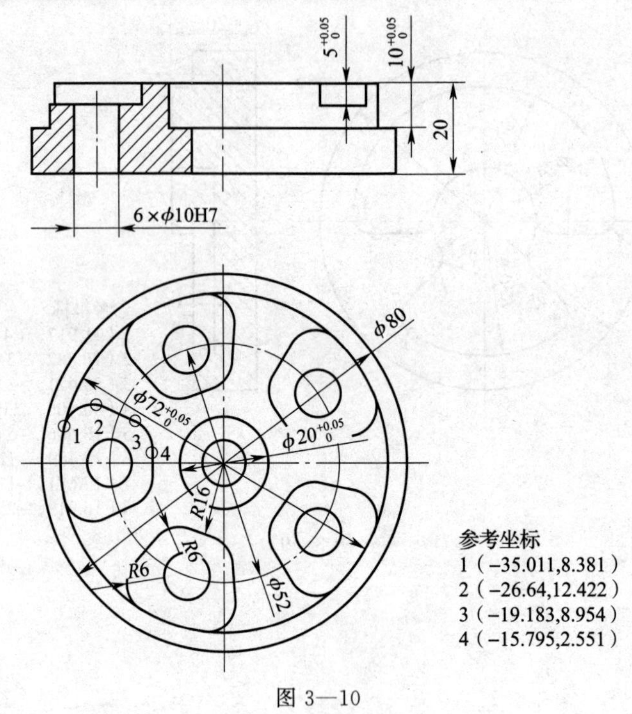

参考坐标

1（−35.011,8.381）

2（−26.64,12.422）

3（−19.183,8.954）

4（−15.795,2.551）

图 3—10

8. 加工图 3—11 所示零件，材料为 45 钢，毛坯尺寸为 100 mm×120 mm×20 mm，要求如下：

(1) 列出所用刀具和加工顺序。

(2) 编写数控铣削加工程序。

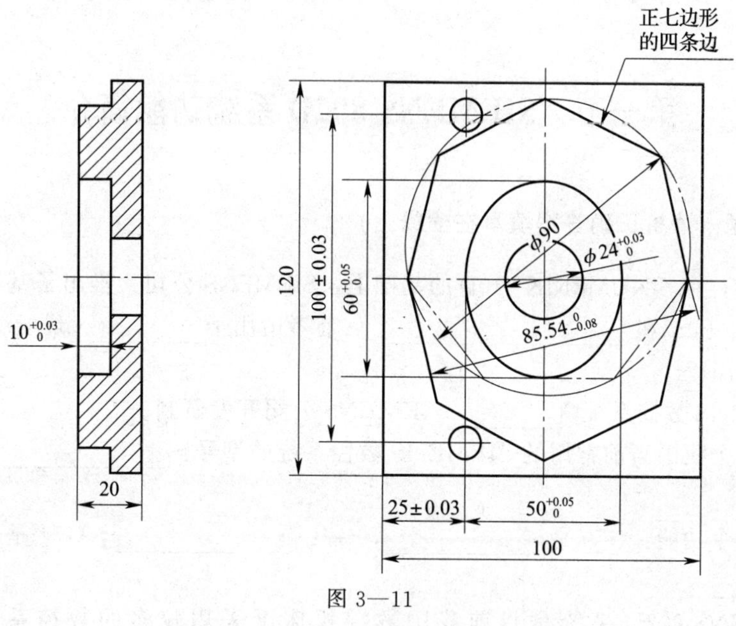

图 3—11

第四章　SIEMENS系统的编程与操作

第一节　SIEMENS 802D 系统功能简介

一、填空题（请将正确答案填写在横线上）

1. 1998年，在SINUMERIK 810D的基础上，SIEMENS公司又推出了基于810D的现场编程软件Manul Turn和__________，前者适用于_____现场编程，后者适用于_____现场编程。

2. SIEMENS数控系统由_____SIEMENS公司开发研制。

3. 列举三个我国当前常用的SIEMENS数控系统的型号：_______、_______、_______。

4. 填写指令功能：G70是_______，G71是_______，G74是_______，G75是_______。

5. SIEMENS 802D 系统是目前我国数控机床上采用较多的数控系统，主要用于_______和_______。

二、选择题（请将正确答案的序号填入括号中）

1. 下列数控系统中，采用步进电动机进行控制的SIEMENS数控系统是（　　），且该型号常用于经济型数控车床。

A. 802S　　B. 802D　　C. 810D　　D. 840D

2. 单从开发的时间而言，（　　）系列数控系统的开发时间最晚。

A. SINUMERIK 8　　B. SINUMERIK 810

C. SINUMERIK 840D　　D. SINUMERIK 802

3. 不能用于圆弧加工的指令是（　　）。

A. G02　　B. G03　　C. G04　　D. G05

4. 指令“G26 S500;”表示（　　）为500 r/min。

A. 设定主轴最高转速　　B. 设定主轴最低转速

C. 设定主轴当前转速　　D. 禁止设定主轴转速

5. 属于非模态代码的是（　　）。

A. G03　　B. G09　　C. G17　　D. G40

6. 不能用于准停的指令是（　　）。

A. G09　　B. G60　　C. G63　　D. G603

三、判断题（正确的在括号内打“√”，错误的打“×”）

1. SIEMENS 系统的 Sprint 系列具有蓝图编程功能。（　）
2. SIEMENS 系统中“G02 X0 Y0 R10.0;”是一段不正确的程序段。（　）
3. G71 是开机默认代码。（　）
4. G33、G02、G05 不属于同组代码。（　）

第二节　轮廓铣削

一、填空题（请将正确答案填写在横线上）

1. SIEMENS 系统可分别通过起点、终点和圆心角，________________，起点、终点和中间点，________________，这四种方式进行圆弧插补。

2. 整圆加工的螺旋线指令是__________________________________。

3. 使用_____指令结束子程序并返回主程序时，不会中断 G64 连续路径运行方式。

4. 指令“G03 X10.0 Y20.0 AR=101.0;”中的“AR=101.0”表示________。

5. 在 SIEMENS 系统中，文件扩展名有两种，即________和________。其中，________表示主程序，________表示子程序。

6. SIEMENS 系统的调用子程序指令“L0005 P2;”表示________________________。

二、选择题（请将正确答案的序号填入括号中）

1. 螺旋线插补指令中的“TURN=3”表示（　）。
   A. 整圆循环的个数　　B. 螺旋线的半径
   C. 变化次数　　D. 跳转标号
2. 代码 CT 表示采用（　）进行圆弧插补。
   A. 起点、终点和中间点　　B. 起点、圆心和圆心角
   C. 切线过渡圆弧　　D. 起点、终点、圆心
3. “G02/G03 X__Y__Z__CR=__;”是（　）。
   A. 整圆加工的螺旋线指令　　B. 非整圆加工的螺旋线指令
   C. 普通圆弧加工指令　　D. 以上皆不是
4. 下列指令中，不能作为 SIEMENS 系统子程序结束标记的是（　）。
   A. M99　　B. M17　　C. M02　　D. RET
5. 在 SIEMENS 802D 系统中，子程序可有（　）级嵌套。
   A. 2　　B. 3　　C. 4　　D. 5
6. 下列 SIEMENS 系统子程序名中，其命名方式不正确的是（　）。
   A. L123　　B. LL123　　C. AA123　　D. A123
7. 对于子程序指令“L0123 P3;”，如果在 P3 前不加空格则表示（　）。
   A. 调用子程序 L0123P3 共计三次　　B. 调用子程序 L0123P3 共计一次

C. 调用子程序 L0123 共计三次　　　　　D. 调用子程序 L0123 共计一次

三、判断题（正确的在括号内打"√"，错误的打"×"）

1. 螺旋线插补指令只能加工整圆。（　　）

2. 地址 L 加数字只能作为子程序名。（　　）

3. 在 SIEMENS 系统中，子程序与主程序在内容和结构上并无本质区别。（　　）

4. 以字母、数字或下划线来命名文件名，字符间不能有分隔符，且最多不能超过 6 个字符。（　　）

5. SIEMENS 数控系统的程序段"CT X0 Y0;"是正确的。（　　）

四、编程题

1. 试编写图 4—1 所示工件轮廓的加工程序，毛坯尺寸为 80 mm×80 mm×15 mm，材料为 45 钢。

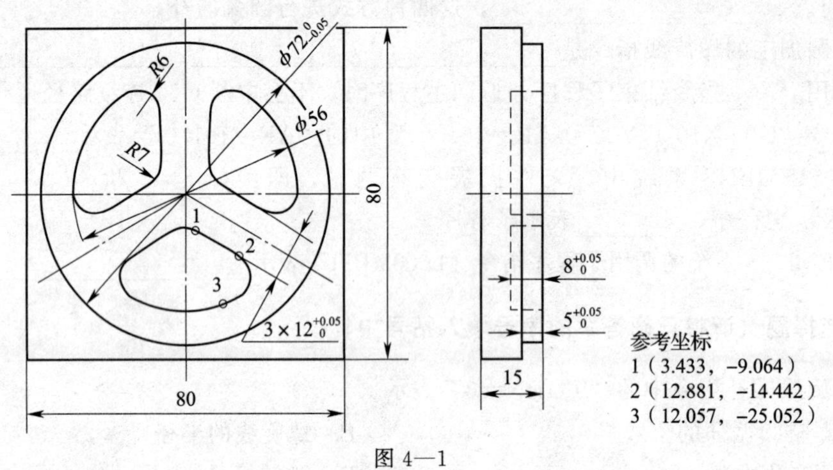

图 4—1

2. 试编写图 4—2 所示工件轮廓的加工程序，毛坯尺寸为 ϕ80 mm×10 mm，材料为 45 钢。

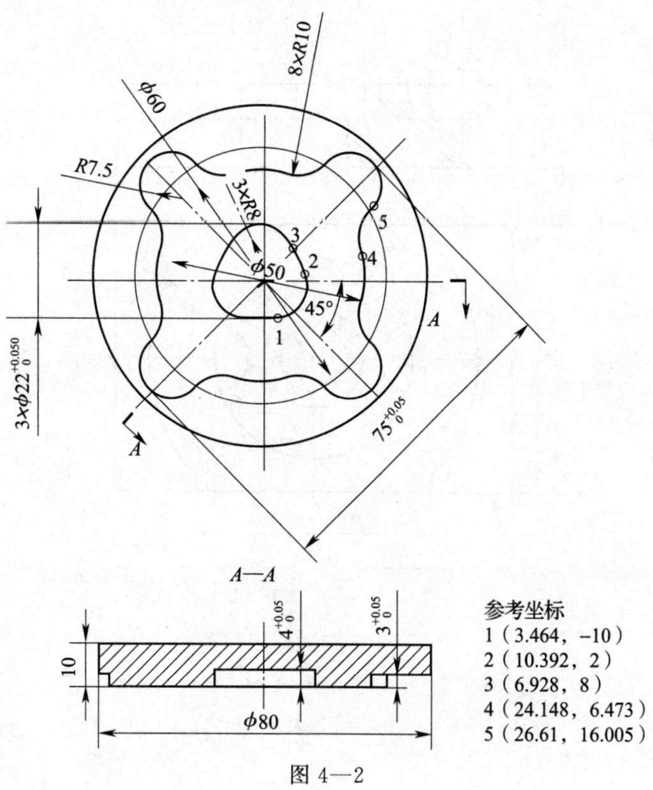

图 4—2

3. 试编写图 4—3 所示工件轮廓的加工程序，毛坯尺寸为 120 mm×80 mm×25 mm，材料为 45 钢。

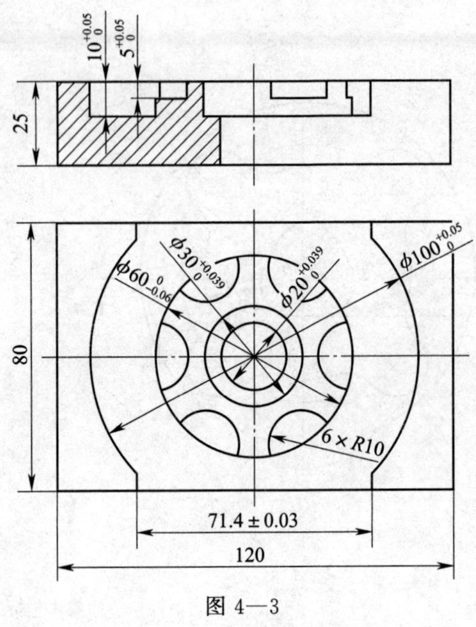

图 4—3

4. 试编写图 4—4 所示工件轮廓的加工程序，毛坯尺寸为 80 mm×80 mm×20 mm，材料为 45 钢。

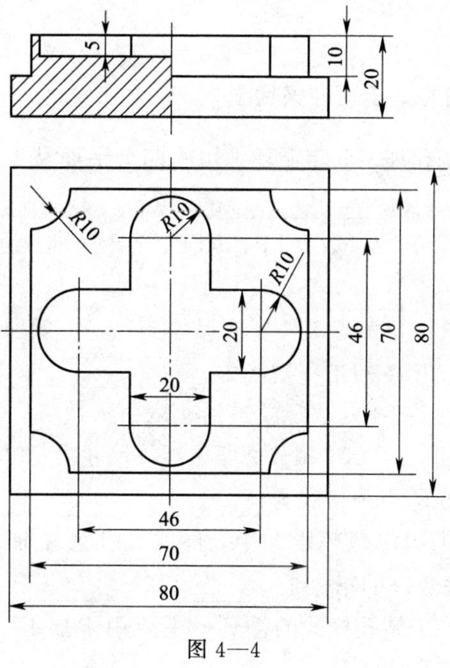

图 4—4

第三节　SIEMENS 802D 系统的孔加工固定循环

一、填空题（请将正确答案填写在横线上）

1. SIEMENS 802D 系统孔加工固定循环常用的四个平面从上到下依次为________、________、________和________。

2. 固定循环的各项参数中，参数 RTP、RFP、DP 分别表示返回平面、参考平面、孔底平面的________。

3. 安全距离 SDIS 的取值要考虑工件表面尺寸变化，一般取______mm 较合适。

4. 锪孔循环指令 CYCLE81 的指令格式为________________。

5. 刚性攻螺纹指令 CYCLE84 的攻螺纹进给速度由参数______指定，返回参考平面的进给速度则由参数______指定，标准螺纹螺距由螺纹尺寸决定时由参数________指定。

6. 镗孔指令 CYCLE89 的指令格式为________________。

7. 在 SIEMENS 系统的固定循环指令中，能实现孔底主轴准停的指令是________，能实现孔底主轴停转、程序暂停的指令是______和______。

8. SIEMENS 系统中关于钻孔样式的循环，主要用于加工______均布孔和______均布孔，从而大大方便了孔系的加工。

9. 在钻孔样式循环指令“HOLES1（______，______，STA1，FDIS，DBH，NUM）;”中，参数 DBH 表示________，参数 NUM 表示________。

10. 在钻孔样式循环指令“HOLES2（CPA，CPO，RAD，STA1，INDA，______）;”中，参数 CPA 表示圆周孔均布中心点的________值，参数 RAD 表示圆周均布______值。

二、选择题（请将正确答案的序号填入括号中）

1. 固定循环指令参数 DP 与 DPR 的关系为（　　）。

A. DP＝RFP－DPR　　B. DP＝RFP＋DPR

C. DP＝RFP＋SDIS－DPR　　D. DP＝RFP＋SDIS＋DPR

2. 下列孔加工固定循环指令的参数中，参数（　　）一定是负值。

A. RTP　　B. RFP　　C. DP　　D. 以上均不能确定

3. 执行指令“CYCLE81（RTP，RFP，SDIS，DP，DPR）; G00 X20.0 Y20.0;”后，共加工出（　　）个孔。

A. 0　　B. 1　　C. 2　　D. 3

4. SIEMENS 系统孔加工固定循环中刀具进刀时，由快进转为工进的高度平面通常称为（　　）。

A. 返回平面　　B. 加工开始平面

C. 参考平面　　D. 孔底平面

5. 下列孔加工固定循环指令的参数中，参数（　　）一定是正值。

A. DP　　B. DPR　　C. RTP　　D. RFP

6. 采用攻螺纹循环指令加工 M10 左旋标准螺纹，则固定循环指令 CYCLE84 的参数 PIT 的值为（　　）。

A. 10　　B. −10　　C. 1.5　　D. −1.5

7. 关于柔性攻螺纹指令 CYCLE840 的主轴返回旋转方向参数 SDR，其取值不能为（　　）。

A. 0　　B. 1　　C. 3　　D. 4

8. 下列固定循环指令中，在孔底能进行主轴准停的是（　　）。

A. CYCLE86　　B. CYCLE87　　C. CYCLE88　　D. CYCLE89

9. 下列固定循环指令中，在孔底能同时实现暂停、主轴停转、程序暂停功能的是（　　）。

A. CYCLE82　　B. CYCLE84　　C. CYCLE86　　D. CYCLE88

10. 孔底平面到加工开始平面的距离为 30 mm，安全距离为 5 mm，则参数 DPR 的取值为（　　）。

A. 25　　B. −25　　C. 30　　D. 35

11. 执行指令"N10 G0 X30 Y40；N20 MCALL CYCLE81（30，0，3，，30）；N30 G0 X0 Y0；N40 MCALL；"后，加工出（　　）。

A. 坐标（30，40）位置的一个孔　　B. 坐标（0，0）位置的一个孔

C. 以上两个位置的两个孔　　D. 没有加工出孔

12. 下列镗孔指令中，常作为精密镗孔指令的是（　　）。

A. CYCLE86　　B. CYCLE87　　C. CYCLE88　　D. CYCLE89

13. 用指令"CYCLE82（10，0，3，−15，30，2）；"进行不通孔加工，则加工后孔深为（　　）mm。

A. 10　　B. 3　　C. 15　　D. 30

14. 下列参数中，用于孔底暂停的是（　　）。

A. SDIS　　B. RFP　　C. DPR　　D. DTB

15. 下列孔加工指令中，不能执行孔底暂停的是（　　）。

A. CYCLE81　　B. CYCLE82　　C. CYCLE84　　D. CYCLE89

16. 下列固定循环指令中，采用 G01 方式退回返回平面的是（　　）。

A. CYCLE81　　B. CYCLE83　　C. CYCLE85　　D. CYCLE87

17. 常用于深孔加工的指令是（　　），执行该指令时为使钻头在每次到达钻孔深度后返回加工开始平面进行排屑，则 VARI 值等于（　　）。

A. CYCLE82　0　　B. CYCLE82　1

C. CYCLE83　0　　D. CYCLE83　1

18. 钻孔样式循环指令 HOLES1 的参考点位于（　　）。

A. 工件坐标系原点　　B. 第一个孔中心与工件原点的连线上

C. 直线均布孔的连线上　　C. 圆周均布孔的圆心

三、判断题（正确的在括号内打"√"，错误的打"×"）

1. SIEMENS 系统的固定循环代码均为模态代码。（　　）

2. SIEMENS 系统的固定循环模态调用过程中，如果出现了 G00 或 G01 等移动指令，将取消固定循环的模态调用。（　）

3. 返回平面可以设定在任意一个安全高度上，但要求当刀具在返回平面内任意移动时将不会与夹具、工件凸台等发生干涉。（　）

4. SIEMENS 系统的参考平面（RFP）和 FANUC 系统的参考平面性质完全相同。（　）

5. 编写孔加工固定循环程序时，对于程序中的参数，既可直接用数字编写，也可先对变量赋值，然后在程序中直接调用变量。（　）

6. 孔加工循环指令中的参数 RTP 既可用绝对值进行编程，也可用增量值进行编程。（　）

7. 由于固定循环中返回平面总处于参考平面的上方，所以参数 RTP 的值始终为正值。（　）

8. 在孔加工固定循环非模态调用前，要将刀具移动到孔中心的正上方，否则将在刀具当前位置进行孔加工动作。（　）

9. 固定循环中的孔底暂停是指刀具到达孔底执行进给保持功能，主轴仍保持原转速不变。（　）

10. 执行指令“N10 G01 X30.0；N20 MCALL CYCLE81（30，0，3，，30）；N30 X0 Y0；”的程序段 N30，则刀具以 G01 方式移动到坐标点（0，0）后再执行孔加工循环。（　）

11. 所有孔加工固定循环的加工开始平面均处于参考平面的 $+Z$ 方向，而孔底平面均处于参考平面的 $-Z$ 方向。（　）

12. 执行孔加工循环指令 CYCLE81 时，刀具从孔底返回，有可能快速返回至加工开始平面，也有可能快速返回至返回平面。（　）

13. 固定循环指令 CYCLE81 中省略了 DP 值，而用 DPR 值表示孔深，则其格式为“CYCLE81（10，0，3，30）；”。（　）

14. 如果固定循环指令中没有给定 F 或 S 值，则必须在固定循环程序段前的指令中给定 F 值，否则会出现程序出错报警。（　）

15. 执行固定循环指令 CYCLE83 时，进给速度须等于循环指令之前程序中指定的进给速度，且该值不可以改变。（　）

16. 固定循环指令 CYCLE83 的参数 DAM 是相对于上次钻孔深度的 Z 向退回量，该值由系统参数指定，无须用户指定。（　）

17. 固定循环指令 CYCLE83 的参数 DTS 是指起始点处用于排屑的停顿时间，该值在参数 VARI=1 时有效。（　）

18. 采用固定循环指令 CYCLE85 加工孔时，从加工开始平面到孔底平面的切削进给与退刀方式均为 G01 方式，且两者可以指定不同的进给速度。（　）

19. 固定循环指令 CYCLE82 与 CYCLE89 的格式相同，因此其执行的动作也相同。（　）

20. 执行 CYCLE86 循环，刀具在孔底准停后，刀具在第一轴方向上的退刀量用参数 RPO 指定。（　）

21. 指令 CYCLE81 与 CYCLE82 相比，CYCLE82 更适合于锪孔或加工台阶孔。 （ ）

22. 采用固定循环指令攻螺纹过程中，机床上的进给倍率开关与速度倍率开关均无效。 （ ）

23. 在钻孔样式循环中，必须在钻孔样式循环中定义孔的数量，如果没有定义或定义其值为零，则在程序执行过程中会产生报警。 （ ）

24. 在钻孔样式循环编程过程中，必须用 MCALL 指令模态调用单个孔加工循环，才能实现钻孔样式循环。 （ ）

四、编程题

1. 图 4—5 所示为孔加工循环的各个平面，试在各平面标明参数（如 DPR 等）。

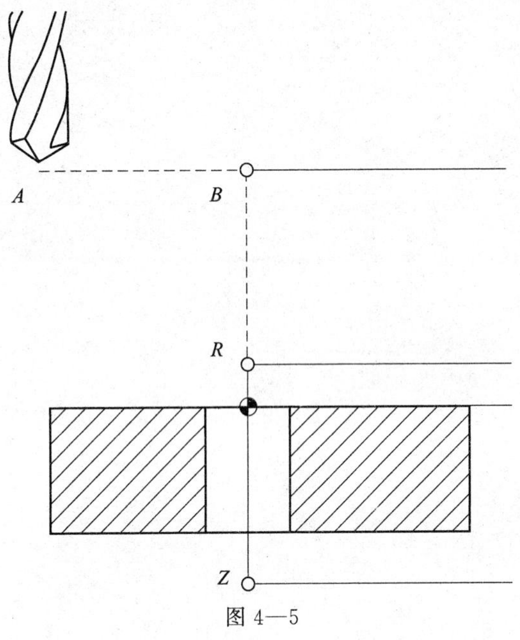

图 4—5

2. 试用钻孔循环指令编写图 4—6 所示轮廓与孔的加工程序。

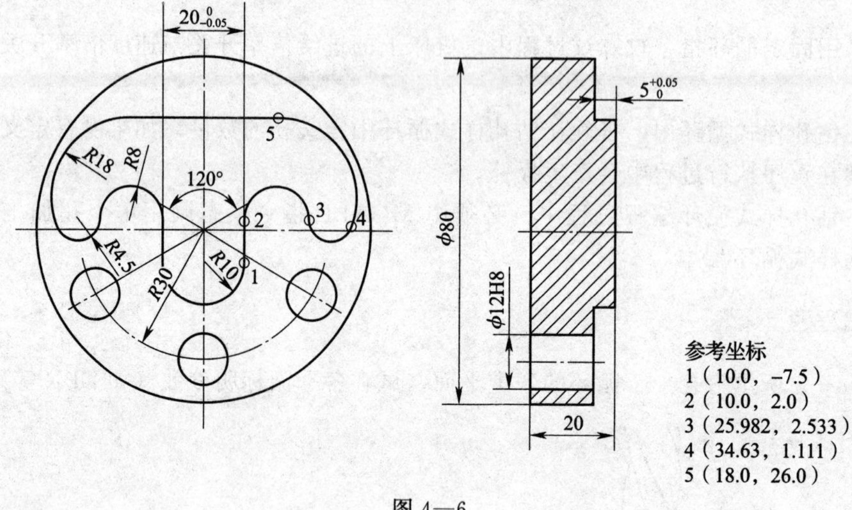

图 4—6

3. 试用钻孔循环指令编写图 4—7 所示轮廓与孔的加工程序。

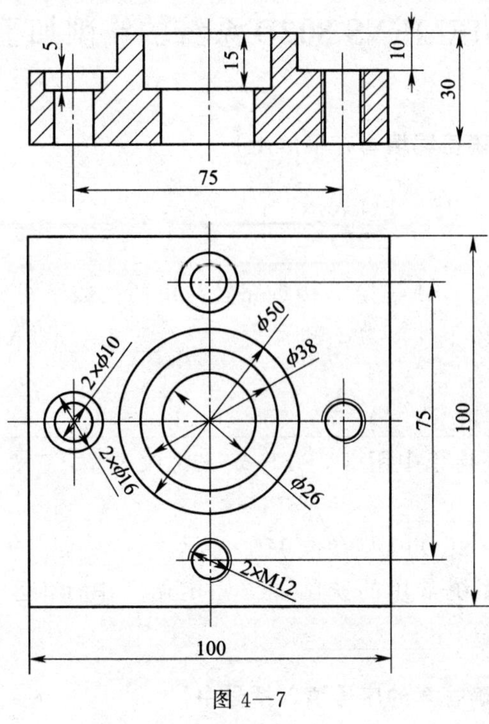

图 4—7

第四节　SIEMENS 802D 系统的铣削加工固定循环

一、填空题（请将正确答案填写在横线上）

1. CYCLE71 指令中，PA、PO 表示＿＿＿＿＿＿＿＿＿＿＿＿＿＿，FFP1 表示＿＿＿＿＿＿＿＿＿＿＿＿＿＿＿＿。

2. CYCLE72 指令中，AS1 是定义接近路径，由两位数字组成，后一位数字如为 1 表示以＿＿＿＿＿＿＿切入工件，为 2 表示以＿＿＿＿＿＿＿切入工件，为 3 表示以＿＿＿＿＿＿＿＿＿切入工件。

3. 指令 CYCLE90 表示＿＿＿＿＿＿＿＿＿＿＿＿＿＿＿＿＿＿＿＿。

4. 螺纹铣削固定循环指令中用 TYPTH 定义螺纹类型，0 表示＿＿＿＿＿＿＿＿，1 表示＿＿＿＿＿＿＿＿＿＿＿＿＿。

5. 铣削固定循环指令 SLOT1 中参数 MID 表示＿＿＿＿＿＿＿＿＿＿＿＿＿。

6. SIEMENS 802D 系统常用的铣削加工固定循环中标准型腔指令包括矩形槽指令＿＿＿＿＿＿和圆形槽指令＿＿＿＿＿＿。

二、选择题（请将正确答案的序号填入括号中）

1. 指令 CYCLE71 中参数 VARI 定义加工类型，由两位数字构成，前一位数字如为 2，则表示端面铣削为（　　）。

A. 平行于 Y 轴且朝同一方向加工　　B. 平行于 X 轴加工，且方向可交替

C. 平行于 Y 轴加工，且方向可交替　　D. 平行于 X 轴且朝同一方向加工

2. 对于圆弧形槽的铣削循环指令 SLOT1 和 SLOT2，对于刀具直径的基本要求为（　　）。

A. 槽宽/2＜铣刀直径＜槽宽　　B. 槽宽＜铣刀直径

C. 铣刀直径＜槽宽/2　　D. 无特殊要求

3. 铣削循环指令 SLOT1 可用于圆弧槽的（　　）固定循环。

A. 粗加工　　B. 精加工　　C. 粗、精综合加工　　D. 以上均可

4. 铣削循环指令 SLOT2 中关于加工类型的参数 VARI，其取值不可以为（　　）。

A. 0　　B. 1　　C. 2　　D. 3

5. 轮廓铣削固定循环指令 CYCLE72 中的参数 RL 为 0 表示（　　）。

A. G41　　B. G42　　C. G40　　D. 都不是

6. 利用 CYCLE90 铣削内螺纹，其返回圆的半径差（RDIFF）等于（　　）。

A. DIATH/2－WR　　B. DIATH/2＋WR

C. DIATH＋WR　　D. DIATH－WR

7. 矩形槽铣削固定循环指令的参数 CRAD 表示（　　）。

A. 矩形四周圆角半径　　B. 矩形槽宽

C. 矩形槽长　　D. DIATH－WR

三、判断题（正确的在括号内打“√”，错误的打“×”）

1. 灵活运用固定循环进行铣削加工，可大大减少编程的工作量。（　）

2. 如果指令 CYCLE71 中的 LENG/WID 都为负值，则其加工对象在坐标系的第三象限，且加工方向与进给方向都朝两轴的正向。（　）

3. 循环指令 CYCLE71 只能完成平面的粗加工。（　）

4. 轮廓铣削固定循环指令 CYCLE72 中 SDIS、DP 与钻孔循环中的相应参数含义类似。（　）

5. 使用指令 CYCLE72 时，轮廓程序中不能编写 G40、G41、G42。（　）

6. 螺纹铣削固定循环指令 CYCLE90 只能进行内螺纹的加工。（　）

7. 指令 CYCLE90 中刀具是按 FFR 指定的进给速度以 G00 方式进给到引入螺旋圆弧起点的。（　）

8. 圆弧阵列槽铣削固定循环中参数 CPA、CPO 的值要用绝对值方式输入。（　）

9. 矩形槽铣削固定循环中参数 STA1 指矩形纵向轴与工作坐标系横坐标的夹角。（　）

四、编程题

1. 试用铣削循环指令编写图 4—8 所示工件的加工程序。

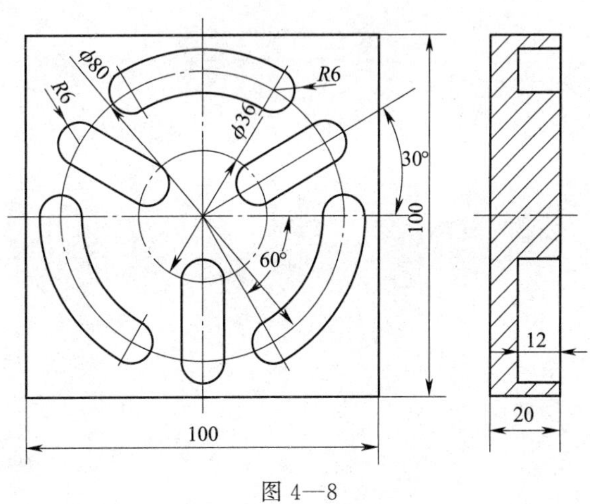

图 4—8

2. 试用铣削循环指令编写图 4—9 所示工件的加工程序。

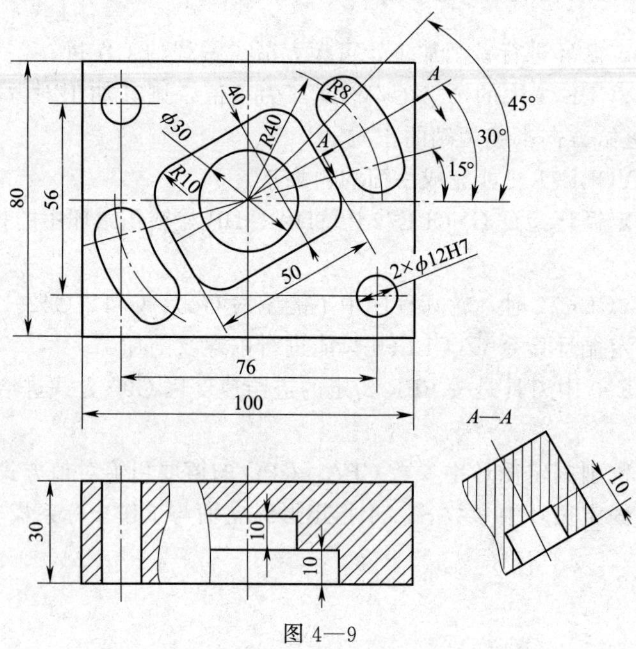

图 4—9

第五节　SIEMENS系统的坐标变换编程

一、填空题（请将正确答案填写在横线上）

1. 当使用极坐标指令后，坐标值以极坐标方式指定，即以极坐标________和极坐标__________来确定点的位置。测量半径与角度的起始点称为______。

2. 极坐标系原点的指定有三种方式，分别用指令______、________和 G112 表示，其中 G112 的指令格式为____________________________________。

3. SIEMENS系统除采用 G90 和 G91 分别表示绝对坐标和增量坐标外，还可用符号________和________来分别表示绝对坐标和增量坐标。

4. 在 SIEMENS 系统中，用于绝对可编程零位偏置的指令是________，而用于附加可编程零位偏置的指令是____________，其中用于绝对可编程零位偏置的指令格式为__________________________。

5. 绝对可编程零位旋转指令是______，附加可编程零位旋转指令是______，使坐标系绕 Y 轴平面旋转 45°的指令是____________________。

6. SIEMENS 系统的坐标变换指令主要有________________、________________、____________和______________。

7. 参考当前有效坐标系原点进行比例缩放的指令是__________，而参考当前有效设定或编程坐标系进行附加比例缩放的指令是__________。

8. 绝对可编程镜像指令是________，相对可编程镜像指令是________，G17 平面内沿 Y 坐标轴进行镜像的指令是________________。

二、选择题（请将正确答案的序号填入括号中）

1. 以工件坐标系原点作为极点，则直角坐标系中的坐标点（20，20，20）用极坐标可表示为（　　）。

　A. RP＝20 AP＝20 Z20　　　　B. RP＝20 AP＝45 Z20

　C. RP＝28.28 AP＝45 Z20　　　D. RP＝45 AP＝28.28 Z20

2. 执行指令“N10 G90 G17 G00 X0 Y0；N20 G112 AP＝30 RP＝60；”中的 N20 程序段时，刀具将（　　）。

　A. 移动到坐标点（51.96，30）　　B. 移动到坐标点（30，60）

　C. 移动到坐标点（15，25.98）　　D. 不移动

3. 如果在程序中没有指定极点，则执行指令“G00 AP＝0 RP＝30；”时，刀具将（　　）。

　A. 向 X 方向增量移动 30.0　　B. 移动到直角坐标系中点（30.0，0）

　C. 移动到直角坐标系中点（0，30.0）　D. 不移动

4. 极点定义指令“G110 X__Y__；”中 X、Y 值是（　　）。

　A. 增量坐标值　　　　B. 工件坐标系中的坐标值

C. 机床坐标系中的坐标值　　D. 极坐标系中的坐标值

5. 当执行指令“G90 G00 X10.0 Y10.0；G91 X20.0 Y＝AC（30.0）；Y＝IC（30.0）；”后，刀具到达的位置为（　）。

A.（30.0，70.0）　　B.（20.0，30.0）

C.（30.0，40.0）　　D.（30.0，60.0）

6. 坐标平移指令“TRANS X＿Y＿Z＿；”的参考基准是（　）。

A. 工件坐标系零点　　B. 机床坐标系零点

C. 刀具中心当前点　　D. 上次平移后的坐标系零点

7. 执行指令“G54；TRANS X10.0 Y10.0；ATRANS X20.0 Y20.0；ATRANS;”后，工件坐标系零点位于G54坐标系中的点（　）。

A.（0，0）　　B.（10.0，10.0）

C.（20.0，20.0）　　D.（30.0，30.0）

8. 执行指令“SCALE X2.0 Y1.5 Z1.0；ATRANS X20.0 Y30.0 Z10.0；”后，工件坐标系实际平移的位置为（　）。

A. X20 Y30 Z10　　B. X40 Y45 Z10

C. X40 Y40 Z20　　D. X30 Y45 Z15

9. 执行指令“TRANS X20.0 Y30.0；ASCALE X2.0 Y1.5；G00 X10.0 Y20.0；”后，刀具中心到达原G54工件坐标系中的点（　）。

A.（10.0，20.0）　　B.（30.0，50.0）

C.（40.0，60.0）　　D.（60.0，75.0）

10. 执行指令“MIRROR X20.0；G00 X30.0 Y10.0；”后，刀具中心到达G54工件坐标系中的点（　）。

A.（−30.0，10.0）　　B.（10.0，10.0）

C.（30.0，−10.0）　　D.（30.0，30.0）

11. 执行下列指令中的（　）后，圆弧加工的顺逆方向没有发生改变。

A. MIRROR X0.0；　　B. MIRROR Y0.0；

C. MIRROR X0.0 Y0.0；　　D. MIRROR X20.0；

12. 执行指令“TRANS X10.0 Y20.0；AMIRROR X0.0；”时，镜像轴是G54工件坐标系中的（　）。

A. *X*轴　　B. 过点Y20.0且与*X*轴平行的轴线

C. *Y*轴　　D. 过点X10.0且与*Y*轴平行的轴线

13. 坐标旋转指令“G17 ROT RPL＝30；”的旋转轴为（　）。

A. *X*轴　　B. *Y*轴　　C. *Z*轴　　D. 程序中没有指定

三、判断题（正确的在括号内打“√”，错误的打“×”）

1. 极坐标角度的零度方向为第一坐标轴的正方向，顺时针方向为角度的正方向。（　）

2. 在SIEMENS系统G17平面的极坐标指令中，用第一坐标轴地址X来指定极坐标半径，而用第二坐标轴地址Y来指定极坐标角度。（　）

3. 极坐标编程方法只能用于 G00 和 G01 编程，不能用于 G02 和 G03 编程。（　　）

4. 当使用 AC 和 IC 表示绝对坐标和增量坐标时，赋值时必须有“＝”符号，且坐标数字要写在方括号“[ ]”中。（　　）

5. SIEMENS 系统所有的框架指令在程序中必须单独占一行。（　　）

6. 指令“SCALE X __Y __Z __;”中的 X、Y、Z 值是进行缩放的中心点。（　　）

7. 当进行比例缩放的图形为圆弧时，两个轴的缩放比例必须一致。（　　）

8. 比例缩放对刀具补偿值有效。（　　）

9. “MIRROR Y0;”是以 Y 轴为镜像轴的镜像指令。（　　）

10. 执行指令“MIRROR X0;”后，刀具半径补偿偏置方向自动反向。（　　）

11. 执行指令“ROT RPL＝__;”后，圆弧加工的顺逆方向将发生改变，即顺圆弧变成逆圆弧，而逆圆弧将变成顺圆弧。（　　）

12. 如果在镜像指令后编辑一个附加旋转，则加工时按照逆向旋转方向加工。（　　）

四、编程题

1. 试编写图 4—10 所示工件轮廓的加工程序，毛坯尺寸为 ϕ80 mm×20 mm，材料为 45 钢。

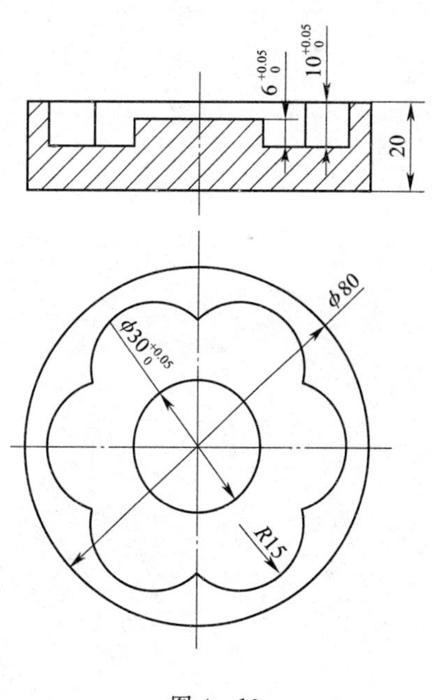

图 4—10

2．试编写图 4—11 所示工件轮廓的加工程序，毛坯尺寸为 150 mm×150 mm×35 mm，材料为 45 钢。

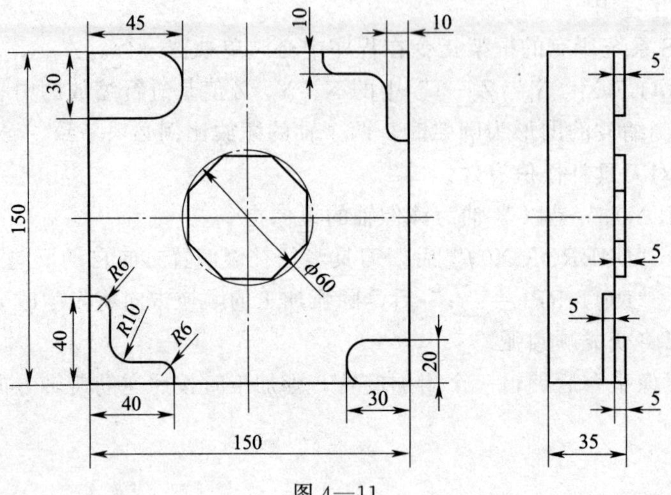

图 4—11

3. 试编写图 4—12 所示工件轮廓的加工程序，毛坯尺寸为 ϕ80 mm×20 mm，材料为 45 钢。

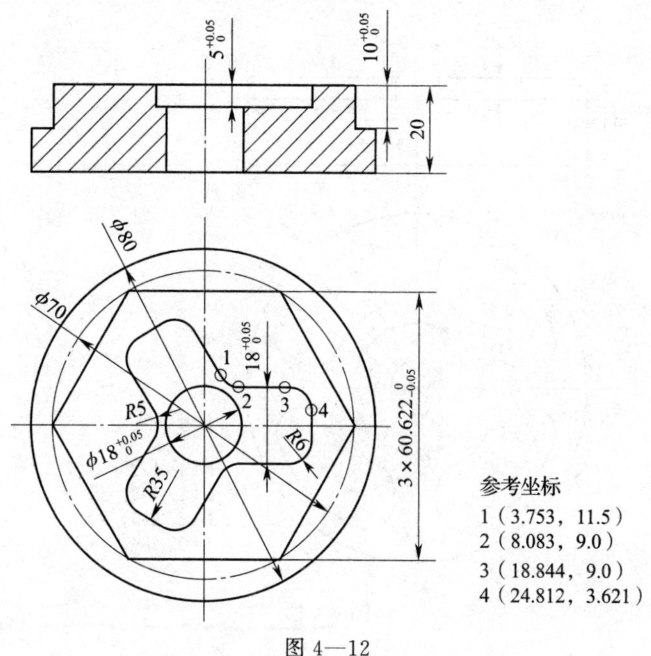

图 4—12

4. 试编写图 4—13 所示工件轮廓的加工程序，毛坯尺寸为 $\phi80$ mm×20 mm，材料为 45 钢。

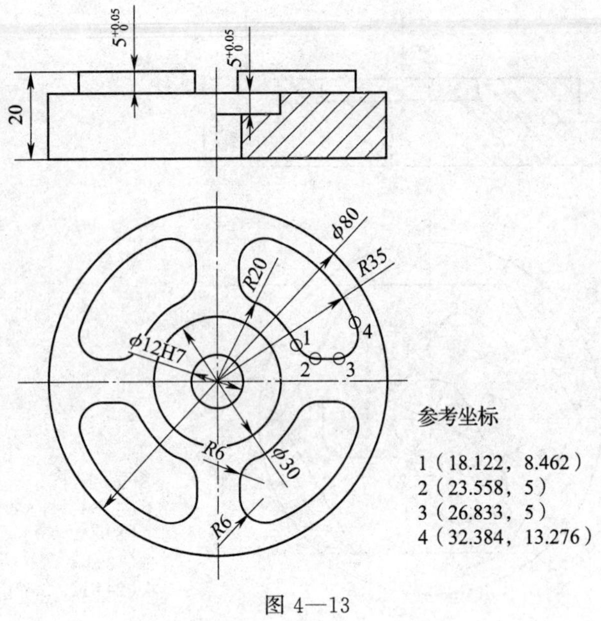

图 4—13

5　试编写图 4—14 所示工件轮廓的加工程序，毛坯尺寸为 ϕ80 mm×20 mm，材料为 45 钢。

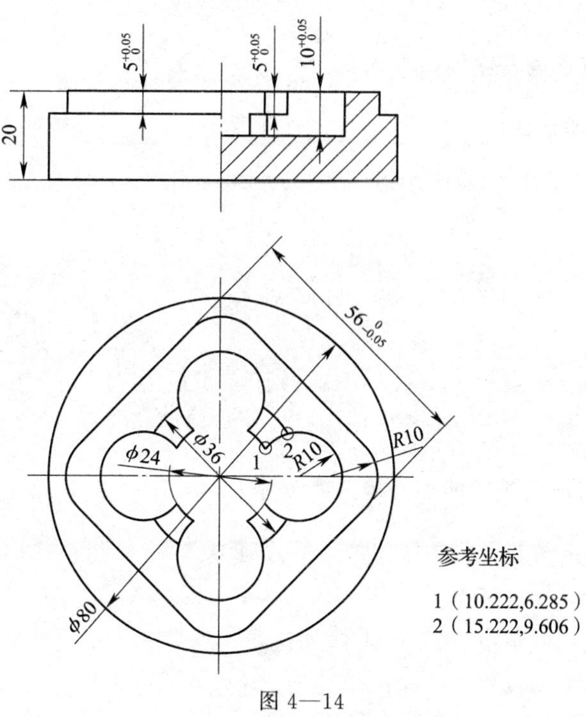

图 4—14

第六节　参数编程

一、填空题（请将正确答案填写在横线上）

1. R参数分为三类，即________参数、加工循环________参数和加工循环________参数。

2. R参数的运算次序依次为__________运算、__________运算、__________运算。

3. 跳转指令起______________的作用。

4. 程序段“IF R45>=R7+5 GOTOB MARK1;”的含义是____。

5. 若R1=100，R2=R1+R1，R1=R2，则R1最后为________。

6. 跳转指令分为__________跳跃指令和________跳跃指令。

二、选择题（请将正确答案的序号填入括号中）

1. R参数由地址R与若干位数字组成，数字通常为（　　）位。

A. 1　　B. 2　　C. 3　　D. 4

2. 下列R参数中，（　　）属于加工循环传递参数。

A. R0　　B. R99　　C. R100　　D. R299

3. 在参数运算过程中，下列运算中最优先的是（　　）运算。

A. 函数　　B. 乘法、除法

C. 加法、减法　　D. 括号内的

4. 在SIEMENS系统的比较运算过程中，“不等于”用下列符号中的（　　）表示。

A. ≠　　B. ! =　　C. <>　　D. NE

5. 对于条件跳转指令“IF R1 GOTOF MA1;”，不能进行条件跳转的R1值等于（　　）。

A. 0　　B. 10　　C. 100　　D. 1 000

6. 下列程序跳跃的目标程序段中，书写正确的是（　　）。

A. N10 MARK1 R1=R1+R2　　B. N60 MARK2：R5=R5－R2

C. N10 MARK1；R1=R1+R2　　D. N60 MARK2. R5=R5－R2

三、判断题（正确的在括号内打“√”，错误的打“×”）

1. 使用参数编程时，地址与参数间必须通过“=”连接。（　　）

2. 如果在程序中没有使用固定循环，则参数R100～R299可以作为自由参数使用。（　　）

3. R1=COS（（（R2+R3）＊R4+R5）/R6）是一个错误的书写格式。（　　）

4. 在参数赋值过程中，数值取整数时可省略小数点，正号可以省略不写。（　　）

5. 参数只能在主程序中进行定义。（　　）

6. 在 SIEMENS 系统的比较运算过程中，“等于”用符号“=”表示。 (　　)

7. 字符 GOTOF 表示向后跳转，即向程序开始的方向跳转。 (　　)

8. SIEMENS 系统 R 参数运算过程中，“开平方根”用字符“SQRT”表示。 (　　)

9. 如果一个程序段中有多个条件跳跃，则当第一个条件满足后就进行跳跃。 (　　)

10. 50°42′可换算为 50.42°。 (　　)

四、编程题

1. 试编写图 4—15 所示工件轮廓的加工程序，毛坯尺寸为 70 mm×64 mm×20 mm，材料为 45 钢。

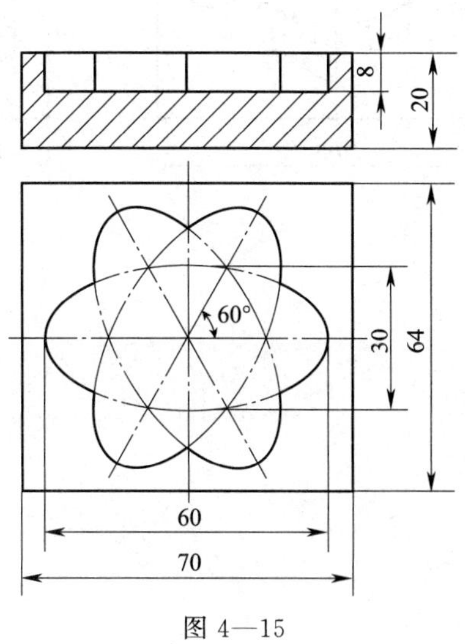

图 4—15

2. 试编写图 4—16 所示工件轮廓的加工程序，毛坯尺寸为 100 mm×120 mm×30 mm，材料为 45 钢。

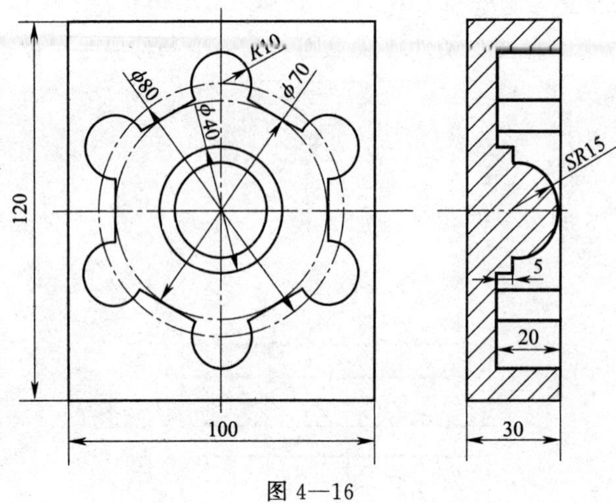

图 4—16

3. 试编写图 4—17 所示工件轮廓的加工程序，毛坯尺寸为 80 mm×80 mm×18 mm，材料为 45 钢。

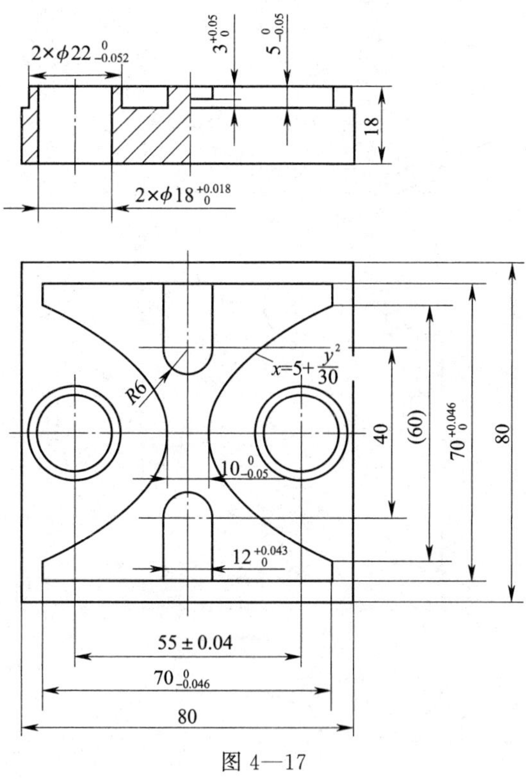

图 4—17

4. 试编写图 4—18 所示工件轮廓的加工程序，毛坯尺寸为 80 mm×80 mm×18 mm，材料为 45 钢。

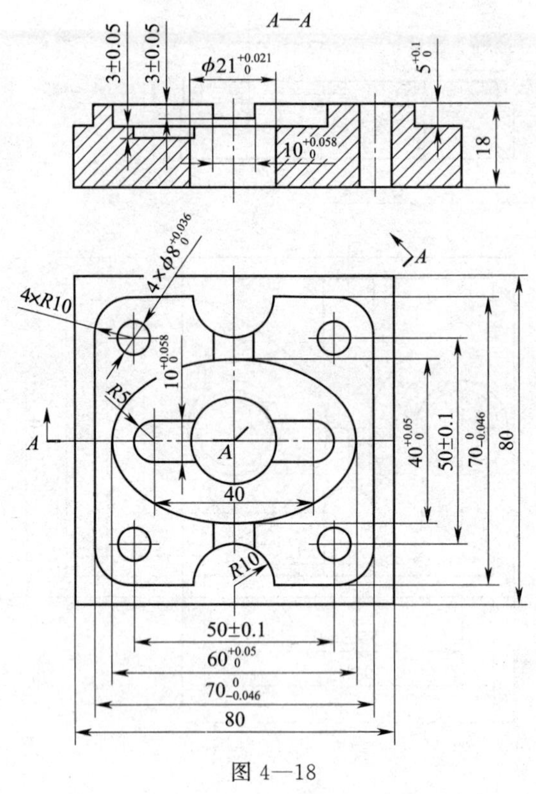

图 4—18

第七节　SIEMENS 系统数控铣床/加工中心的操作

一、填空题（请将正确答案填写在横线上）

1. SIEMENS 系统的屏幕可划分为__________、__________和__________。

2. 刀具参数包括________参数、________参数和________参数。

3. 在所有的输入区通过______＋____符号可启动数值的计算功能。

4. 当数控系统____________、机床____________和机床__________时，数控机床必须重新进行回参考点操作。

5. 软键“POSITION”是__________，“PROGRAM”是__________，“OFFSET PARAM”是__________，“PROGRAM MANAGER”是__________，“SYSTEM ALARM”是__________。

6. 在机床的模式选择开关中，按键“REF”用于__________，按键“JOG”用于__________。

二、选择题（请将正确答案的序号填入括号中）

1. SIEMENS 系统手动返回某轴的参考点时，应按下该轴刀具进给的（　　）移动键。

   A. 正向　　　　B. 负向
   C. 由刀具所处位置确定　　　　D. 无法确定

2. 在重新返回中断点时，轴的移动方式通常是（　　）。

   A. 先返回 X 轴　　　　B. 先返回 Z 轴
   C. 同时返回 X 轴与 Y 轴　　　　D. 三轴同时返回

3. 在 SIEMENS 系统中，执行手动数据输入的模式选择按键是（　　）。

   A. MDI　　B. MDA　　C. VAR　　D. JOG

4. 在 SIEMENS 系统中，增量进给的模式选择按键是（　　）。

   A. MDI　　B. MDA　　C. VAR　　D. JOG

5. 按下机床控制面板上的复位键“RESET”，不能完成下列工作中的（　　）。

   A. 机床停止自动运行　　　　B. 设置程序指针回到开头
   C. 消除部分机床报警　　　　D. 解除硬限位超程

6. 如果要在自动运行过程中用进给倍率开关对 G00 速度进行控制，则要在“程序控制”中将（　　）项打开。

   A. SKP　　B. ROV　　C. DRY　　D. M01

7. 在程序控制功能的各软键中，用于激活程序段跳转的是（　　）。

   A. SKP　　B. ROV　　C. DRY　　D. M01

8. 如果将增量步长设为 10，如果要使主轴移动 20 mm，则手摇脉冲发生器要转过（　　）圈。

A. 0.2　　B. 2　　C. 20　　D. 200

9. 当出现紧急情况按下“急停”按钮时，机床CNC装置随即处于急停状态，此时在屏幕上出现（　　）字样，机床报警指示灯亮。

A. EMG　　B. ALARM　　C. CANCEL　　D. 原显示没有变化

10. 数控机床空运行主要是用于检查（　　）。

A. 程序编制的正确性　　B. 刀具轨迹的正确性

C. 机床运行的稳定性　　D. 加工精度的正确性

三、判断题（正确的在括号内打“√”，错误的打“×”）

1. 回参考点只有在JOG方式下有效。（　　）

2. 程序测试对于“VAR”“JOG”“RET POINT”“MDA”“AUTO”运行方式都有效。（　　）

3. 只需按下“RESET”键，即可解除超程报警。（　　）

4. 零件程序中进行的任何修改均立即被存储。（　　）

5. 在MDI方式下输入“T12 L6”，然后按“循环启动”按钮，即可将刀库中的12号刀装入主轴。（　　）

6. 在回参考点的过程中，如果选择了错误的回参考点方向，则不会产生回参考的动作。（　　）

7. 在自动运行状态下，按下“循环启动停止”键，机床的主轴转速功能及冷却、润滑将停止执行。（　　）

8. 加工中心在手动返回参考点的过程中，先执行X轴和Y轴的返回，再执行Z轴的返回较为合适。（　　）

9. 只有在自动运行过程中将“程序控制”中的“选择停止”选项打开时，M00才有效，否则机床仍执行后续的程序段。（　　）

10. 程序自动运行过程中，严禁使用主轴倍率调整旋钮来调节主轴转速，以防损坏变速齿轮。（　　）

11. 机床锁住功能主要用于校验程序格式的正确性。（　　）

12. 程序中不能将F值设为零使进给停止，但可用机床面板上的进给速度倍率旋钮将进给速度调成0，从而使进给停止。（　　）

13. 通常情况下，手摇脉冲发生器逆时针转动方向为正向进给方向，顺时针转动方向为负向进给方向。（　　）

14. 零点偏置参数中的基本偏置数值对用G54设定的零点偏置没有影响。（　　）

15. 建立新程序时，建立的程序名要是内存储器中没有的程序名。（　　）

16. 当执行指令“G74 Z0;”时，刀具将从当前点位置直接返回Z向参考点。（　　）

17. 数控机床图形显示校验主要用于校验程序轨迹的正确性。（　　）

18. 数控机床在进给过程中是绝对不允许改变进给速度的，否则将会发生意想不到的严重后果。（　　）

19. 数控机床通电过程中，请不要碰MDI面板上的任何按键，以防止机床产生数据丢失等误操作。（　　）

20. SIEMENS 系统在自动运行的检视状态下，显示的实时工件坐标值是刀具中心而非工件轮廓轨迹的坐标。 (   )

四、编程题

1. 画出下列加工程序在 XY 平面内的加工轨迹。

```
AA123. MPF
G90 G94 G40 G71 G54 F100;
T1D1;
G74 Z0;
G00 X90.0 Y30.0;
    Z30.0;
M03 S600;
BB456;
G74 Z0;
M05;
M30;
BB456. SPF
G01 Z-10.0;
G41 G01 X0 Y0;
    Y20.0;
G02 X24.0 CR=12.0;
G03 X44.0 CR=10.0;
G01 X50.0;
    Y0.0;
    X0.0;
G40 X20.0 Y-20.0;
RET;
```

2. 零件如图 4—19 所示，材料为 45 钢，毛坯尺寸为 ϕ80 mm×20 mm，要求如下：

（1）列出所用刀具和加工顺序。

（2）编写数控铣削加工程序。

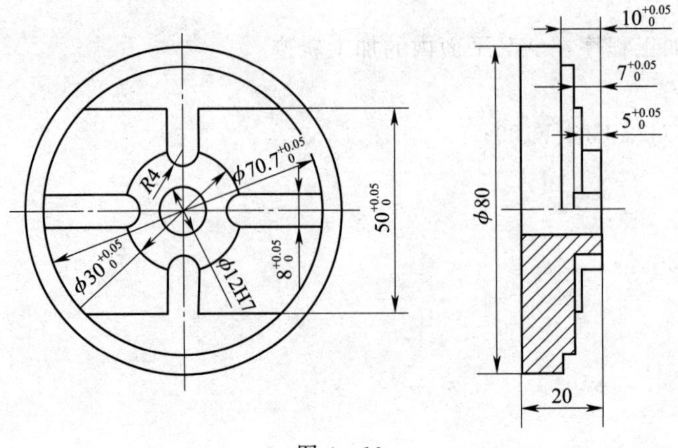

图 4—19

3. 零件如图 4—20 所示，材料为 45 钢，毛坯尺寸为 60 mm×50 mm×15 mm，要求如下：

（1）列出所用刀具和加工顺序。

（2）编写数控铣削加工程序。

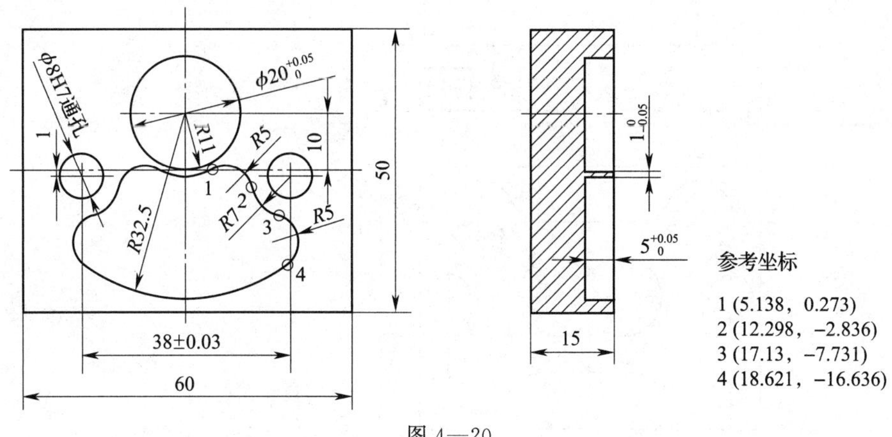

图 4—20

4. 零件如图 4—21 所示，材料为 45 钢，毛坯尺寸为 80 mm×60 mm×15 mm，要求如下：

（1）列出所用刀具和加工顺序。

（2）编写数控铣削加工程序。

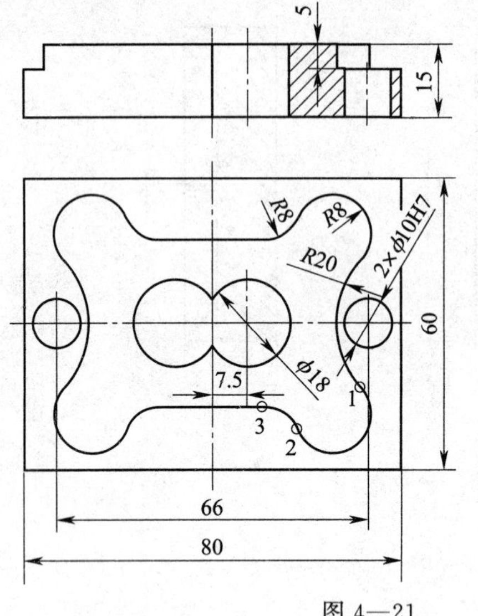

参考坐标

1 (31.494，−13.333)
2 (18.243，−21.966)
3 (10.955，−17.265)

图 4—21

5．零件如图 4—22 所示，材料为 45 钢，毛坯尺寸为 ϕ100 mm×20 mm，要求如下：

（1）列出所用刀具和加工顺序。

（2）编写数控铣削加工程序。

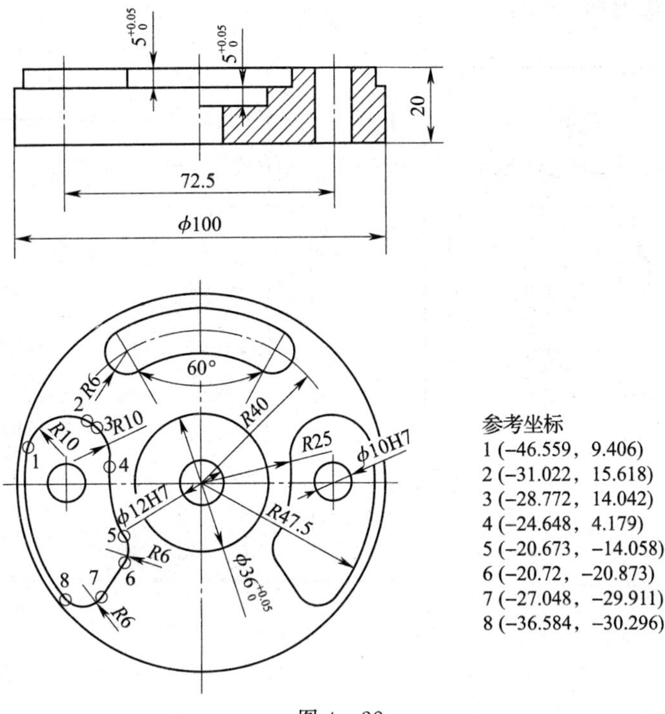

图 4—22

6. 零件如图 4—23 所示，材料为 45 钢，毛坯尺寸为 70 mm×70 mm×20 mm，要求如下：

（1）列出所用刀具和加工顺序。

（2）编写数控铣削加工程序。

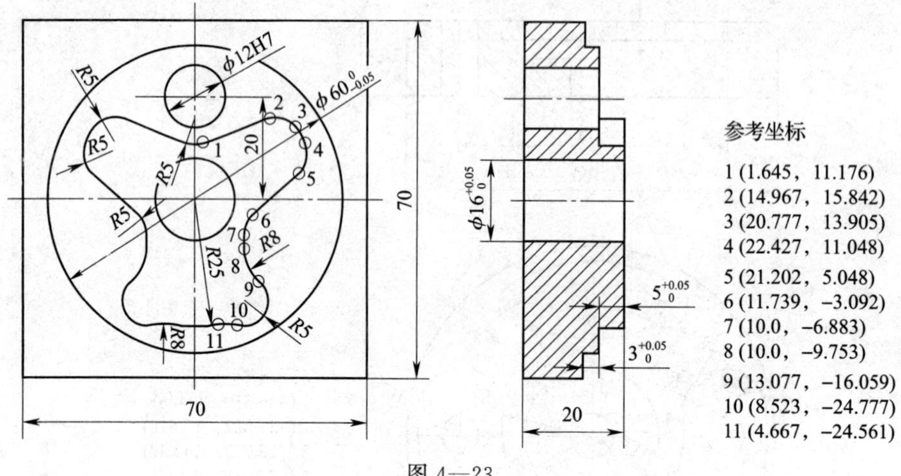

图 4—23

第五章　高级职业技能鉴定应会试题

第一节　高级数控铣床/加工中心操作工应会试题1

加工图5—1所示零件，毛坯尺寸为100 mm×100 mm×25 mm，试编写数控铣削加工程序。

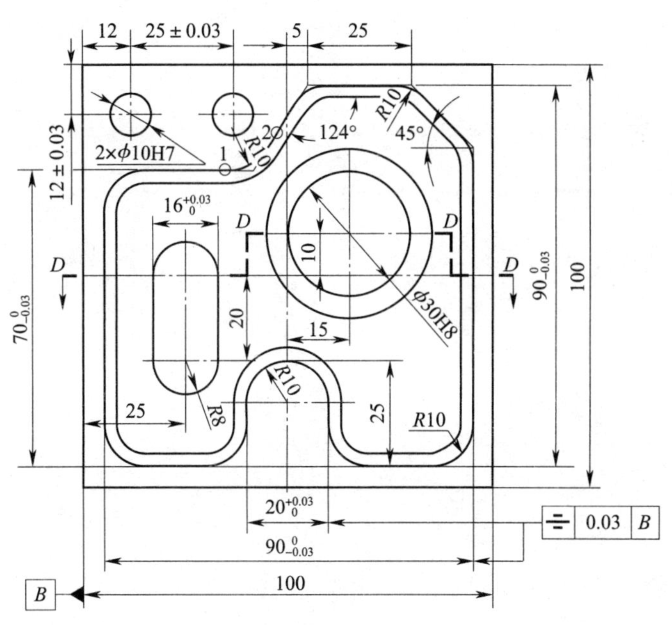

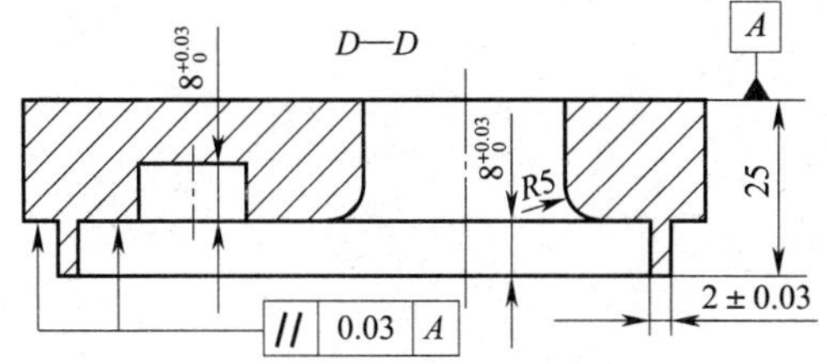

参考坐标

1 (−13.678, 25.0)

2 (−5.355, 29.456)

材料：45

$\sqrt{Ra\ 3.2}$

技术要求

1. 不允许使用砂布或锉刀修整表面。
2. 未注尺寸公差按IT14。

图5—1

加工程序：

高级数控铣床/加工中心操作工应会试题 1 评分表

工件编号				总得分			
项目与配分		序号	技术要求	配分	评分标准	检测记录	得分
工件加工评分（90 分）	外形轮廓（mm）	1	$90_{-0.03}^{0}$	5×2	超差 0.01 扣 1 分		
		2	$70_{-0.03}^{0}$	5	超差 0.01 扣 1 分		
		3	$20_{0}^{+0.03}$	5	超差 0.01 扣 1 分		
		4	$8_{0}^{+0.03}$	4×2	超差 0.01 扣 1 分		
		5	对称度 0.03	4	超差 0.01 扣 1 分		
		6	平行度 0.03	4	超差 0.01 扣 1 分		
		7	2±0.03	5	超差 0.01 扣 1 分		
		8	$R10$	2	每错一处扣 4 分		
		9	124°、45°	2	每错一处扣 1 分		
		10	25、5	2	每错一处扣 1 分		
	内轮廓与孔（mm）	11	ϕ30H8	8	超差 0.01 扣 1 分		
		12	25±0.03	4	超差 0.01 扣 1 分		
		13	12±0.03	4	超差 0.01 扣 1 分		
		14	$16_{0}^{+0.03}$	5	超差 0.01 扣 1 分		
		15	倒圆角 $R5$	8	超差全扣		
		16	ϕ10H7（2 处）	3×2	每错一处扣 3 分		
		17	25、15、10	3	每错一处扣 1 分		
	其他	18	工件按时完成	3	未按时完成全扣		
		19	工件无缺陷	2	一处缺陷扣 2 分		
程序与工艺（10 分）		20	$Ra3.2\ \mu m$	5	每错一处扣 2 分		
		21	程序正确合理	3	每错一处扣 1 分		
		22	加工工序卡	2	不合理每处扣 2 分		
机床操作（倒扣分）		23	数控机床操作规范	倒扣	出错一次扣 2 分		
		24	工件、刀具装夹正确	倒扣	出错一次扣 2 分		
安全文明生产（倒扣分）		25	安全操作	倒扣	发生安全事故停止操作或酌情扣 5～30 分		
		26	机床整理	倒扣			

第二节　高级数控铣床/加工中心操作工应会试题 2

加工如图 5—2 所示零件，毛坯尺寸为 140 mm×120 mm×25 mm，试编写数控铣削加工程序。

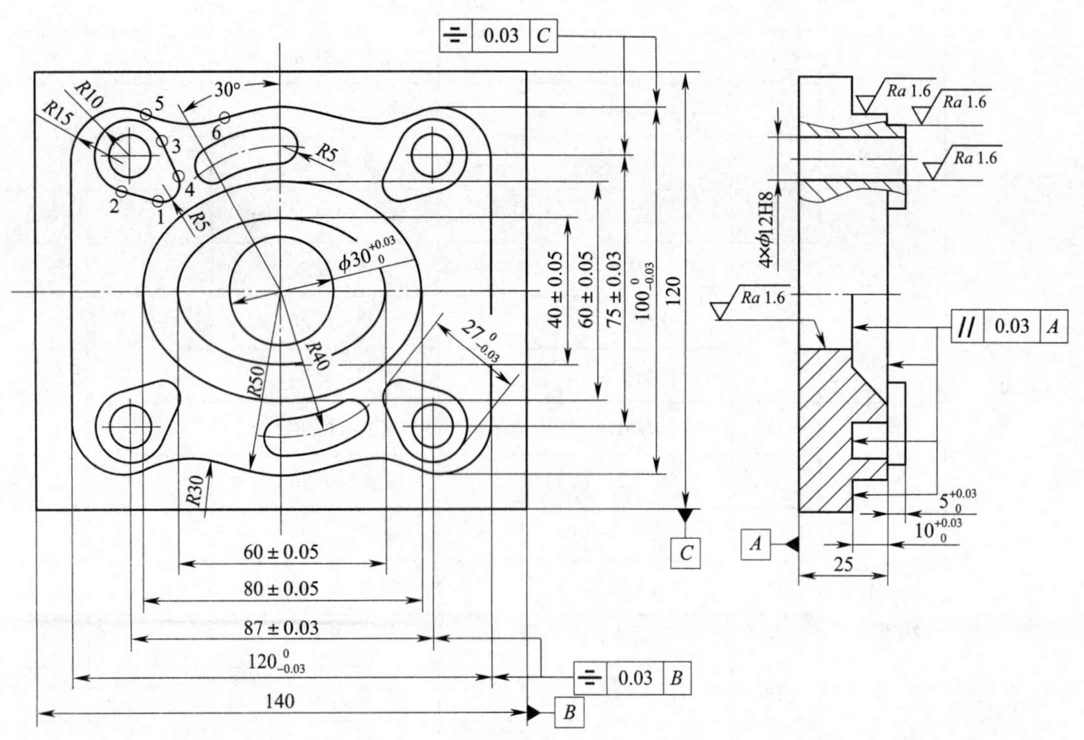

参考坐标

1 (−35.396，24.744)

2 (−45.579，27.559)

3 (−34.173，41.267)

4 (−29.565，31.741)

5 (−38.67，48.742)

6 (−16.256，47.57)

材料：45

Ra 3.2 (√)

技术要求

1. 不允许使用砂布或锉刀修整表面。
2. 未注尺寸公差按IT14。

图 5—2

加工程序：

高级数控铣床/加工中心操作工应会试题2评分表

工件编号				总得分			
项目与配分		序号	技术要求	配分	评分标准	检测记录	得分
工件加工评分（90分）	外形轮廓（mm）	1	$120_{-0.03}^{0}$	5	超差0.01扣1分		
		2	$100_{-0.03}^{0}$	5	超差0.01扣1分		
		3	$R15$	4	每错一处扣1分		
		4	$R10$	4	每错一处扣1分		
		5	$R5$	4	每错一处扣1分		
		6	$10_{0}^{+0.03}$	5	超差0.01扣1分		
		7	$5_{0}^{+0.03}$	5	超差0.01扣1分		
		8	对称度0.03	4×2	每错一处扣4分		
		9	平行度0.03	5	超差0.01扣1分		
		10	$R30$、$R50$	2	每错一处扣1分		
	内轮廓与孔（mm）	11	$\phi 30_{0}^{+0.03}$	6	超差0.01扣1分		
		12	87±0.03	5	超差0.01扣1分		
		13	75±0.03	5	超差0.01扣1分		
		14	80±0.05	3	超差0.01扣1分		
		15	60±0.05	3×2	超差0.01扣1分		
		16	40±0.05	3	超差0.01扣1分		
		17	ϕ12H8	4×2	超差全扣		
		18	30°、$R5$	2	每错一处扣1分		
	其他	19	工件按时完成	3	未按时完成全扣		
		20	工件无缺陷	2	一处缺陷扣2分		
程序与工艺（10分）		21	$Ra1.6\ \mu m$	4	每错一处扣1分		
		22	$Ra3.2\ \mu m$	1	每错一处扣1分		
		23	程序正确合理	2	每错一处扣1分		
		24	加工工序卡	3	不合理每处扣2分		
机床操作（倒扣分）		25	数控机床操作规范	倒扣	出错一次扣2分		
		26	工件、刀具装夹正确	倒扣	出错一次扣2分		
安全文明生产（倒扣分）		27	安全操作	倒扣	发生安全事故停止操作或酌情扣5～30分		
		28	机床整理	倒扣			

第三节 高级数控铣床/加工中心操作工应会试题 3

加工如图 5—3 所示零件，毛坯尺寸为 120 mm×100 mm×25 mm，试编写数控铣削加工程序。

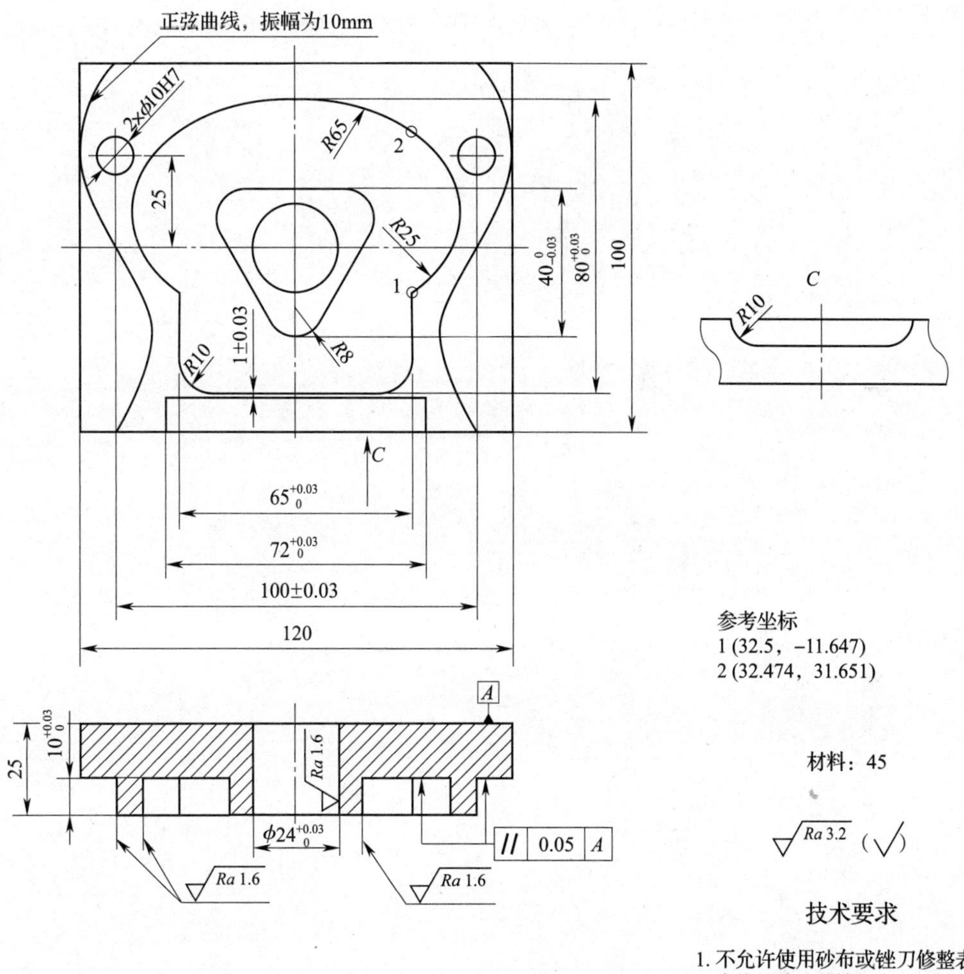

图 5—3

加工程序：

高级数控铣床/加工中心操作工应会试题 3 评分表

工件编号				总得分		
项目与配分	序号	技术要求	配分	评分标准	检测记录	得分
工件加工评分（90 分） 外形轮廓（mm）	1	$40_{-0.03}^{0}$	8	超差 0.01 扣 2 分		
	2	1±0.03	8	超差 0.01 扣 2 分		
	3	$72_{0}^{+0.03}$	6	超差 0.01 扣 1 分		
	4	100±0.03	5	超差 0.01 扣 1 分		
	5	正弦曲线	8	每错一处扣 5 分		
	6	平行度 0.05	5	超差 0.01 扣 1 分		
	7	$R8$	3	每错一处扣 1 分		
内轮廓与孔（mm）	8	$R10$	4	每错一处扣 2 分		
	9	$\phi24_{0}^{+0.03}$	8	超差 0.01 扣 1 分		
	10	$80_{0}^{+0.03}$	6	超差 0.01 扣 1 分		
	11	$65_{0}^{+0.03}$	6	超差 0.01 扣 1 分		
	12	ϕ10H7	5×2	每错一处扣 5 分		
	13	$10_{0}^{+0.03}$	5	超差 0.01 扣 1 分		
	14	$R65$	1	每错一处扣 1 分		
	15	$R25$	1	每错一处扣 1 分		
	16	$R10$	1	每错一处扣 1 分		
其他	17	工件按时完成	3	未按时完成全扣		
	18	工件无缺陷	2	一处缺陷扣 2 分		
程序与工艺（10 分）	19	$Ra1.6\ \mu m$	4	每错一处扣 1 分		
	20	$Ra3.2\ \mu m$	1	每错一处扣 1 分		
	21	程序正确合理	2	每错一处扣 1 分		
	22	加工工序卡	3	不合理每处扣 2 分		
机床操作（倒扣分）	23	数控机床操作规范	倒扣	出错一次扣 2 分		
	24	工件、刀具装夹正确	倒扣	出错一次扣 2 分		
安全文明生产（倒扣分）	25	安全操作	倒扣	发生安全事故停止操作或酌情扣 5～30 分		
	26	机床整理	倒扣			

第四节　高级数控铣床/加工中心操作工应会试题 4

加工如图 5—4 所示零件，毛坯尺寸为 160 mm×120 mm×40 mm，试编写数控铣削加工程序。

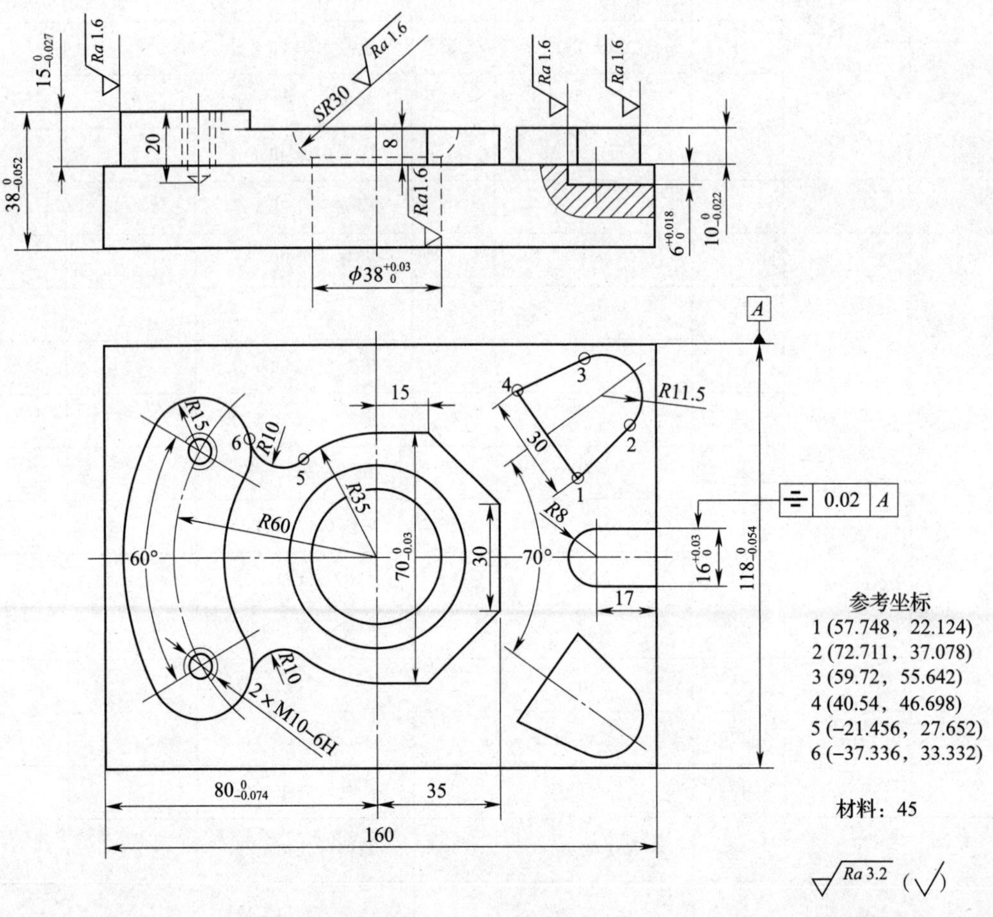

图 5—4

加工程序：

高级数控铣床/加工中心操作工应会试题 4 评分表

工件编号				总得分			
项目与配分		序号	技术要求	配分	评分标准	检测记录	得分
工件加工评分（90 分）	外形轮廓（mm）	1	$38_{-0.062}^{0}$	6	超差 0.01 扣 1 分		
		2	$15_{-0.027}^{0}$	6	超差 0.01 扣 1 分		
		3	$10_{-0.022}^{0}$	6	超差 0.01 扣 1 分		
		4	$70_{-0.03}^{0}$	8	超差 0.01 扣 1 分		
		5	对称度 0.02	6	超差 0.01 扣 1 分		
		6	$118_{-0.054}^{0}$	6	每错一处扣 2 分		
		7	70°、60°	4	每错一处扣 2 分		
		8	$R11.5$	2	每错一处扣 2 分		
		9	$R35$、$R10$、$R15$	6	每错一处扣 2 分		
	内轮廓与孔（mm）	10	$\phi38_{0}^{+0.03}$	8	超差 0.01 扣 1 分		
		11	$80_{-0.074}^{0}$	2	超差 0.01 扣 1 分		
		12	$6_{0}^{+0.018}$	6	超差 0.01 扣 1 分		
		13	$16_{0}^{+0.03}$	6	超差 0.01 扣 1 分		
		14	M10－6H	3×2	每错一处扣 3 分		
		15	$SR30$	5	超差全扣		
		16	20	1	每错一处扣 1 分		
		17	$R8$	1	超差全扣		
	其他	18	工件按时完成	3	未按时完成全扣		
		19	工件无缺陷	2	一处缺陷扣 2 分		
程序与工艺（10 分）		20	$Ra1.6\ \mu m$	4	每错一处扣 1 分		
		21	$Ra3.2\ \mu m$	1	每错一处扣 1 分		
		22	程序正确合理	2	每错一处扣 1 分		
		23	加工工序卡	3	不合理每处扣 2 分		
机床操作（倒扣分）		24	数控机床操作规范	倒扣	出错一次扣 2 分		
		25	工件、刀具装夹正确	倒扣	出错一次扣 2 分		
安全文明生产（倒扣分）		26	安全操作	倒扣	发生安全事故停止操作或酌情扣 5～30 分		
		27	机床整理	倒扣			

第五节　高级数控铣床/加工中心操作工应会试题 5

加工如图 5—5 所示零件，毛坯尺寸为 150 mm×120 mm×25 mm，试编写数控铣削加工程序。

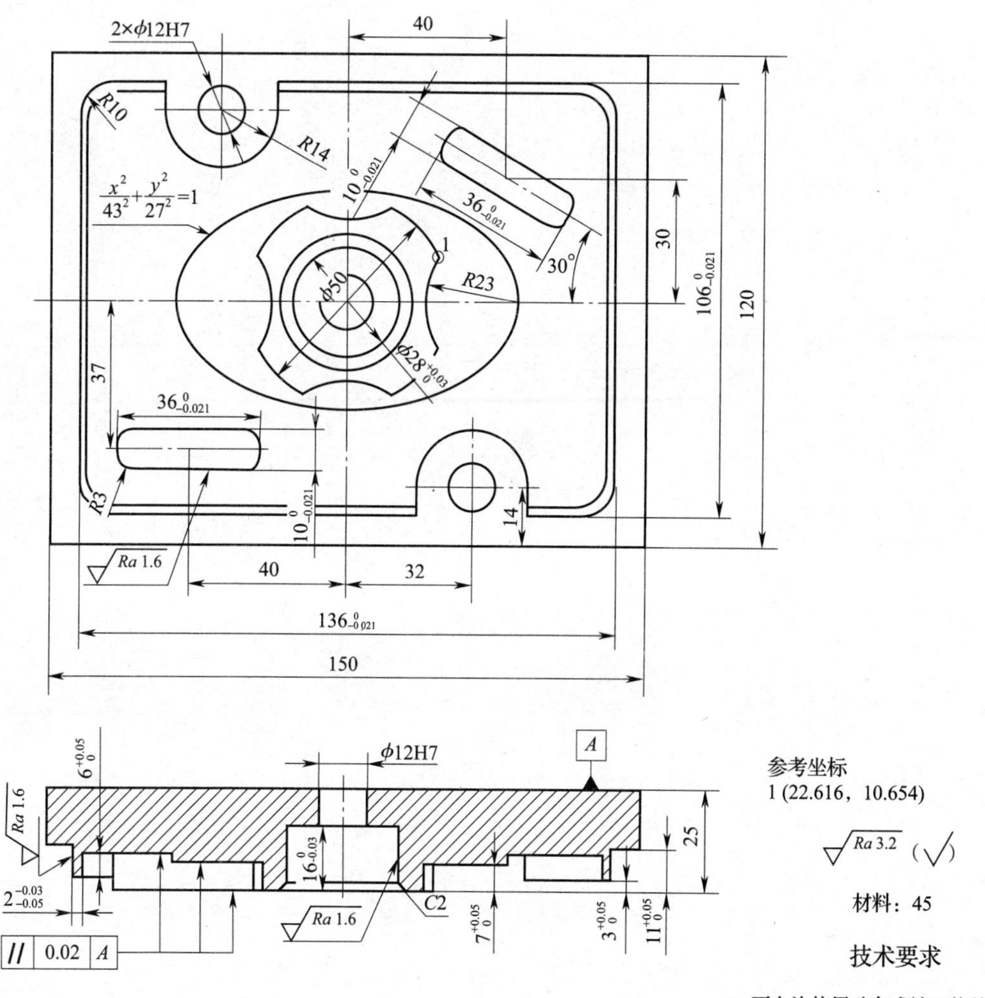

技术要求

1. 不允许使用砂布或锉刀修整表面。
2. 未注尺寸公差按IT14。

图 5—5

加工程序：

高级数控铣床/加工中心操作工应会试题 5 评分表

工件编号					总得分		
项目与配分		序号	技术要求	配分	评分标准	检测记录	得分
工件加工评分（90 分）	外形轮廓（mm）	1	$136_{-0.021}^{0}$	6	超差 0.01 扣 1 分		
		2	$106_{-0.021}^{0}$	6	超差 0.01 扣 1 分		
		3	$36_{-0.021}^{0}$	5	超差 0.01 扣 1 分		
		4	$10_{-0.021}^{0}$	5	超差 0.01 扣 1 分		
		5	椭圆轮廓	5	超差 0.01 扣 1 分		
		6	平行度 0.02	5	超差 0.01 扣 1 分		
		7	$2_{-0.05}^{-0.03}$	8	超差 0.01 扣 2 分		
		8	$11_{0}^{+0.05}$	3	超差 0.01 扣 1 分		
		9	$7_{0}^{+0.05}$	3	超差 0.01 扣 1 分		
		10	$6_{0}^{+0.05}$	3	超差 0.01 扣 1 分		
		11	$3_{0}^{+0.05}$	3	超差 0.01 扣 1 分		
		12	$R10$、$R3$、30°	6	每错一处扣 1 分		
		13	$R23$、$R14$、$\phi50$	6	每错一处扣 1 分		
	内轮廓与孔（mm）	14	$\phi28_{0}^{+0.03}$	6	超差 0.01 扣 1 分		
		15	$16_{-0.03}^{0}$	4	超差 0.01 扣 1 分		
		16	$C2$	5	超差 0.01 扣 1 分		
		17	$\phi12$H7	3×2	每错一处扣 3 分		
	其他	18	工件按时完成	3	未按时完成全扣		
		19	工件无缺陷	2	一处缺陷扣 2 分		
程序与工艺（10 分）		20	$Ra1.6\ \mu m$	4	每错一处扣 1 分		
		21	$Ra3.2\ \mu m$	1	每错一处扣 1 分		
		22	程序正确合理	2	每错一处扣 1 分		
		23	加工工序卡	3	不合理每处扣 2 分		
机床操作（倒扣分）		24	数控机床操作规范	倒扣	出错一次扣 2 分		
		25	工件、刀具装夹正确	倒扣	出错一次扣 2 分		
安全文明生产（倒扣分）		26	安全操作	倒扣	发生安全事故停止操作或酌情扣 5～30 分		
		27	机床整理	倒扣			

第六节　高级数控铣床/加工中心操作工应会试题 6

加工如图 5—6 所示零件，毛坯尺寸为 150 mm×120 mm×25 mm，试编写数控铣削加工程序。

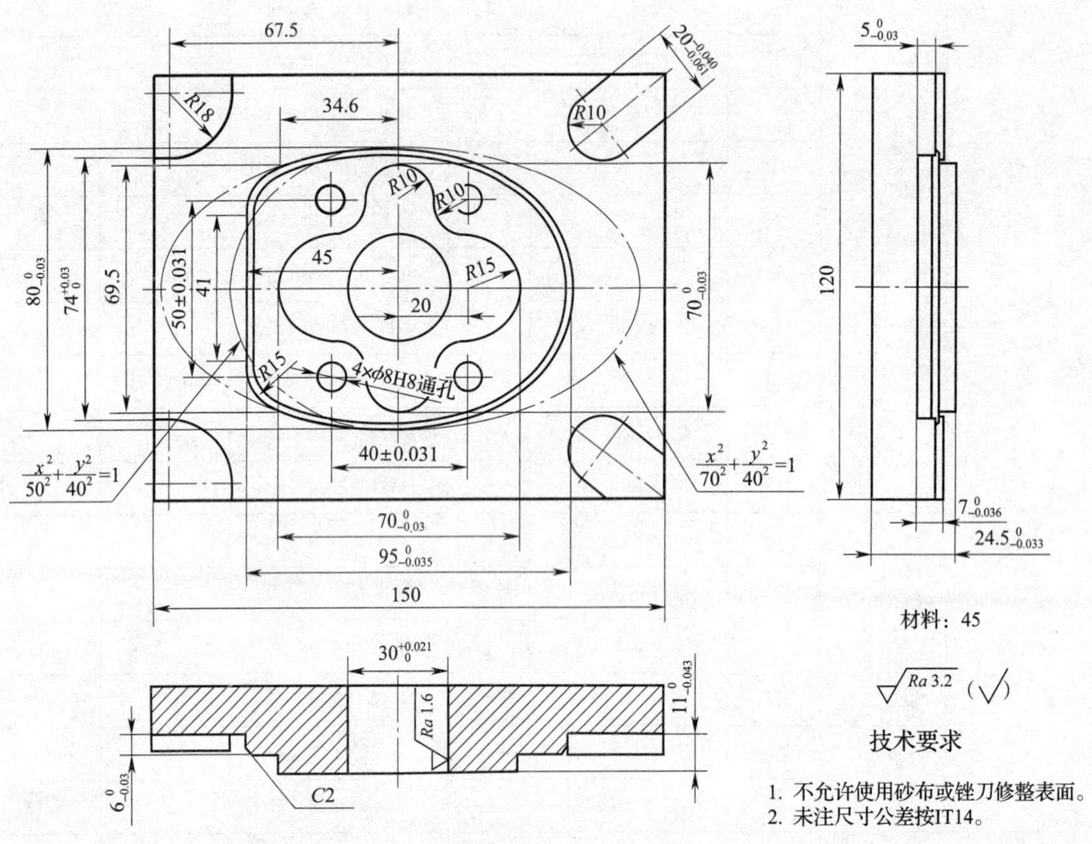

图 5—6

加工程序：

高级数控铣床/加工中心操作工应会试题6评分表

工件编号				总得分		
项目与配分		序号	技术要求	配分	评分标准	检测记录	得分
工件加工评分（90分）	外形轮廓（mm）	1	$95_{-0.035}^{0}$	5	超差0.01扣1分		
		2	$70_{-0.03}^{0}$	3×2	超差0.01扣1分		
		3	$80_{-0.03}^{0}$	5	超差0.01扣1分		
		4	$74_{0}^{+0.03}$	5	超差0.01扣1分		
		5	$20_{-0.061}^{-0.040}$	5	超差0.01扣1分		
		6	椭圆轮廓	5	超差全扣		
		7	$5_{-0.03}^{0}$	5	超差0.01扣1分		
		8	$7_{-0.036}^{0}$	5	超差0.01扣1分		
		9	$24.5_{-0.033}^{0}$	5	超差0.01扣1分		
		10	$6_{-0.03}^{0}$	5	超差0.01扣1分		
		11	$11_{-0.043}^{0}$	5	超差0.01扣1分		
		12	$C2$	6	超差全扣		
		13	$R15$、$R10$、$R18$	6	每错一处扣1分		
	内轮廓与孔（mm）	14	$\phi30_{0}^{+0.021}$	5	超差0.01扣1分		
		15	40±0.031	2	超差0.01扣1分		
		16	50±0.031	2	超差0.01扣1分		
		17	ϕ8H8	2×4	每错一处扣2分		
	其他	18	工件按时完成	3	未按时完成全扣		
		19	工件无缺陷	2	一处缺陷扣2分		
程序与工艺（10分）		20	$Ra1.6\ \mu m$	4	每错一处扣1分		
		21	$Ra3.2\ \mu m$	1	每错一处扣1分		
		22	程序正确合理	2	每错一处扣1分		
		23	加工工序卡	3	不合理每处扣2分		
机床操作（倒扣分）		24	数控机床操作规范	倒扣	出错一次扣2分		
		25	工件、刀具装夹正确	倒扣	出错一次扣2分		
安全文明生产（倒扣分）		26	安全操作	倒扣	发生安全事故停止操作或酌情扣5～30分		
		27	机床整理	倒扣			

第七节　高级数控铣床/加工中心操作工应会试题 7

加工如图 5—7 所示零件，毛坯尺寸为 80 mm×80 mm×18 mm，试编写数控铣削加工程序。

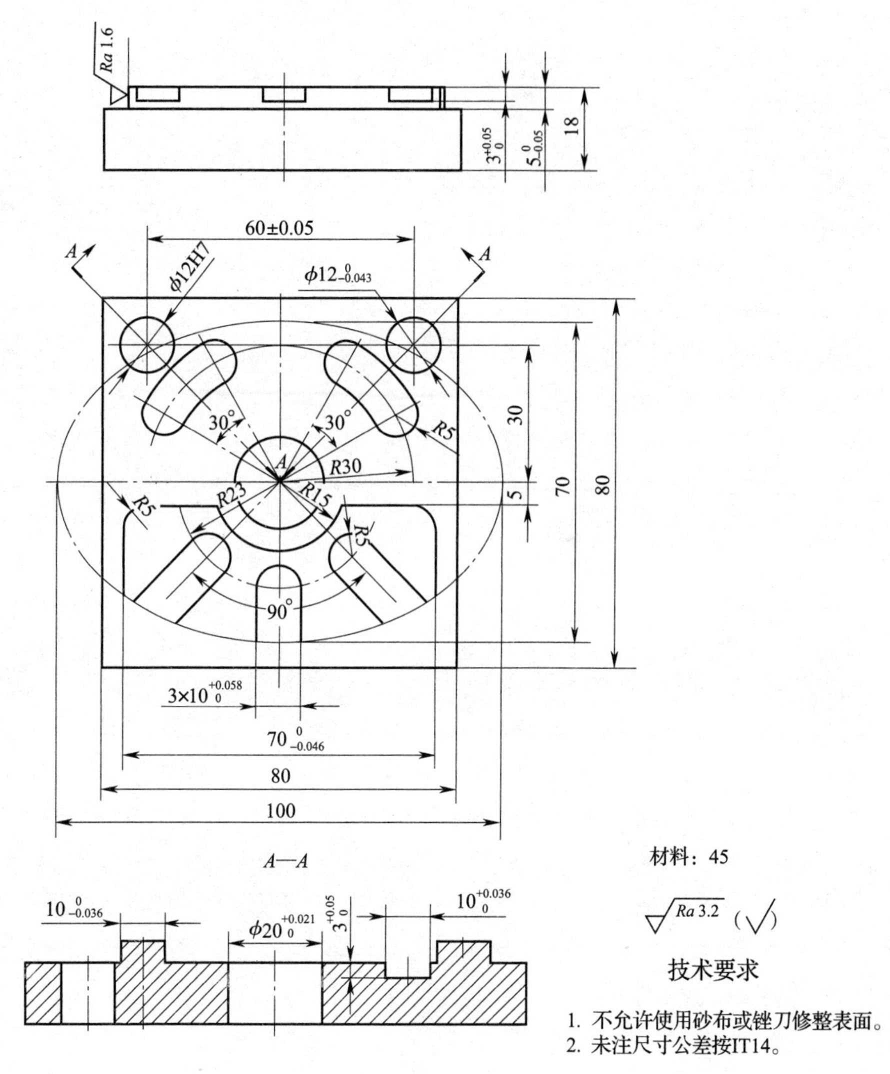

图 5—7

加工程序：

高级数控铣床/加工中心操作工应会试题7评分表

工件编号				总得分		
项目与配分		序号	技术要求	配分	评分标准	检测记录	得分
工件加工评分（90分）	外形轮廓（mm）	1	$70_{-0.046}^{0}$	8	超差0.01扣1分		
		2	$\phi12_{-0.043}^{0}$	8	超差0.01扣1分		
		3	$10_{-0.036}^{0}$	6	超差0.01扣1分		
		4	椭圆轮廓	8	超差全扣		
		5	$5_{-0.05}^{0}$	5	超差0.01扣1分		
		6	5、30	2	每错一处扣1分		
		7	$R15$、$R5$	4	每错一处扣1分		
		8	30°	1	每错一处扣1分		
	内轮廓与孔（mm）	9	$\phi20_{0}^{+0.021}$	8	超差0.01扣1分		
		10	60±0.05	2	超差0.01扣1分		
		11	$10_{0}^{+0.058}$	3×3	超差0.01扣1分		
		12	$10_{0}^{+0.036}$	6	超差0.01扣1分		
		13	$3_{0}^{+0.05}$	2×4	每错一处扣2分		
		14	ϕ12H7	5	超差全扣		
		15	90°、30°	2	每错一处扣1分		
		16	$R5$	3	每错一处扣1分		
	其他	17	工件按时完成	3	未按时完成全扣		
		18	工件无缺陷	2	一处缺陷扣2分		
程序与工艺（10分）		19	$Ra1.6\ \mu m$	4	每错一处扣1分		
		20	$Ra3.2\ \mu m$	1	每错一处扣1分		
		21	程序正确合理	2	每错一处扣1分		
		22	加工工序卡	3	不合理每处扣2分		
机床操作（倒扣分）		23	数控机床操作规范	倒扣	出错一次扣2分		
		24	工件、刀具装夹正确	倒扣	出错一次扣2分		
安全文明生产（倒扣分）		25	安全操作	倒扣	发生安全事故停止操作或酌情扣5～30分		
		26	机床整理	倒扣			

第八节　高级数控铣床/加工中心操作工应会试题 8

加工如图 5—8 所示零件，毛坯尺寸为 110 mm×110 mm×26 mm，试编写数控铣削加工程序。

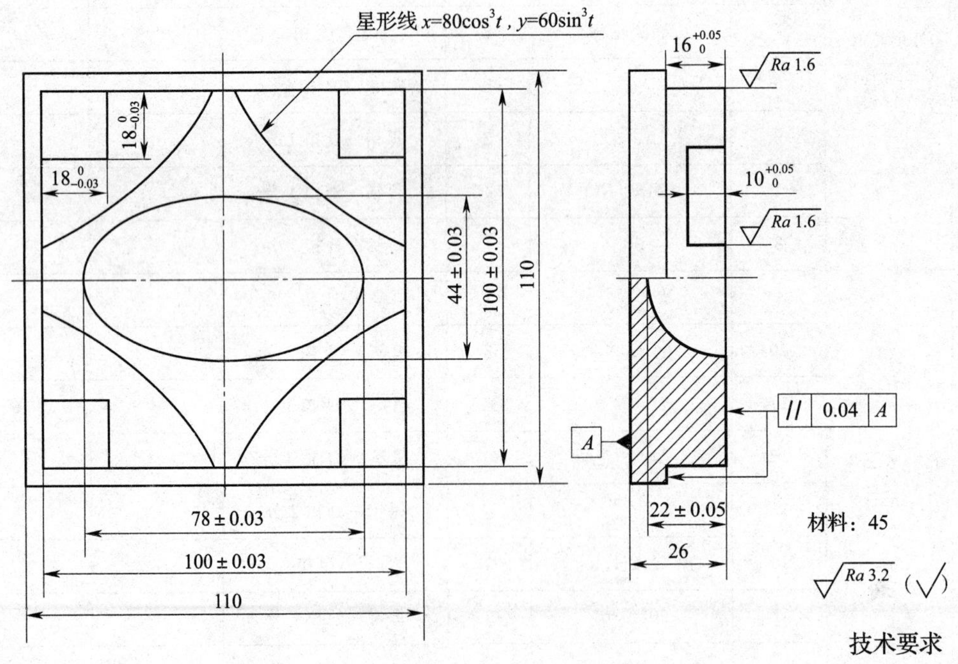

图 5—8

加工程序：

高级数控铣床/加工中心操作工应会试题 8 评分表

<table>
<tr><td colspan="2">工件编号</td><td colspan="2"></td><td colspan="2">总得分</td><td colspan="2"></td></tr>
<tr><td colspan="2">项目与配分</td><td>序号</td><td>技术要求</td><td>配分</td><td>评分标准</td><td>检测记录</td><td>得分</td></tr>
<tr><td rowspan="11">工件加工评分
（90 分）</td><td rowspan="5">外形轮廓
（mm）</td><td>1</td><td>100 ± 0.03</td><td>8×2</td><td>超差 0.01 扣 1 分</td><td></td><td></td></tr>
<tr><td>2</td><td>$18_{-0.03}^{0}$</td><td>8×2</td><td>超差 0.01 扣 1 分</td><td></td><td></td></tr>
<tr><td>3</td><td>星形线</td><td>7</td><td>超差全扣</td><td></td><td></td></tr>
<tr><td>4</td><td>$16_{0}^{+0.05}$</td><td>8</td><td>超差 0.01 扣 1 分</td><td></td><td></td></tr>
<tr><td>5</td><td>$10_{0}^{+0.05}$</td><td>8</td><td>超差 0.01 扣 1 分</td><td></td><td></td></tr>
<tr><td rowspan="4">内轮廓与孔
（mm）</td><td>6</td><td>78 ± 0.03</td><td>8</td><td>超差 0.01 扣 1 分</td><td></td><td></td></tr>
<tr><td>7</td><td>44 ± 0.03</td><td>8</td><td>超差 0.01 扣 1 分</td><td></td><td></td></tr>
<tr><td>8</td><td>22 ± 0.05</td><td>8</td><td>超差 0.01 扣 1 分</td><td></td><td></td></tr>
<tr><td>9</td><td>椭圆轮廓</td><td>6</td><td>超差全扣</td><td></td><td></td></tr>
<tr><td rowspan="2">其他</td><td>10</td><td>工件按时完成</td><td>3</td><td>未按时完成全扣</td><td></td><td></td></tr>
<tr><td>11</td><td>工件无缺陷</td><td>2</td><td>一处缺陷扣 2 分</td><td></td><td></td></tr>
<tr><td colspan="2" rowspan="4">程序与工艺
（10 分）</td><td>12</td><td>$Ra1.6\ \mu m$</td><td>4</td><td>每错一处扣 1 分</td><td></td><td></td></tr>
<tr><td>13</td><td>$Ra3.2\ \mu m$</td><td>1</td><td>每错一处扣 1 分</td><td></td><td></td></tr>
<tr><td>14</td><td>程序正确合理</td><td>2</td><td>每错一处扣 1 分</td><td></td><td></td></tr>
<tr><td>15</td><td>加工工序卡</td><td>3</td><td>不合理每处扣 2 分</td><td></td><td></td></tr>
<tr><td colspan="2" rowspan="2">机床操作
（倒扣分）</td><td>16</td><td>数控机床操作规范</td><td>倒扣</td><td>出错一次扣 2 分</td><td></td><td></td></tr>
<tr><td>17</td><td>工件、刀具装夹正确</td><td>倒扣</td><td>出错一次扣 2 分</td><td></td><td></td></tr>
<tr><td colspan="2" rowspan="2">安全文明生产
（倒扣分）</td><td>18</td><td>安全操作</td><td>倒扣</td><td rowspan="2">发生安全事故停止操作或酌情扣 5～30 分</td><td></td><td></td></tr>
<tr><td>19</td><td>机床整理</td><td>倒扣</td><td></td><td></td></tr>
</table>

第九节　高级数控铣床/加工中心操作工应会试题 9

加工如图 5—9 所示零件，毛坯尺寸为 150 mm×120 mm×25 mm，试编写数控铣削加工程序。

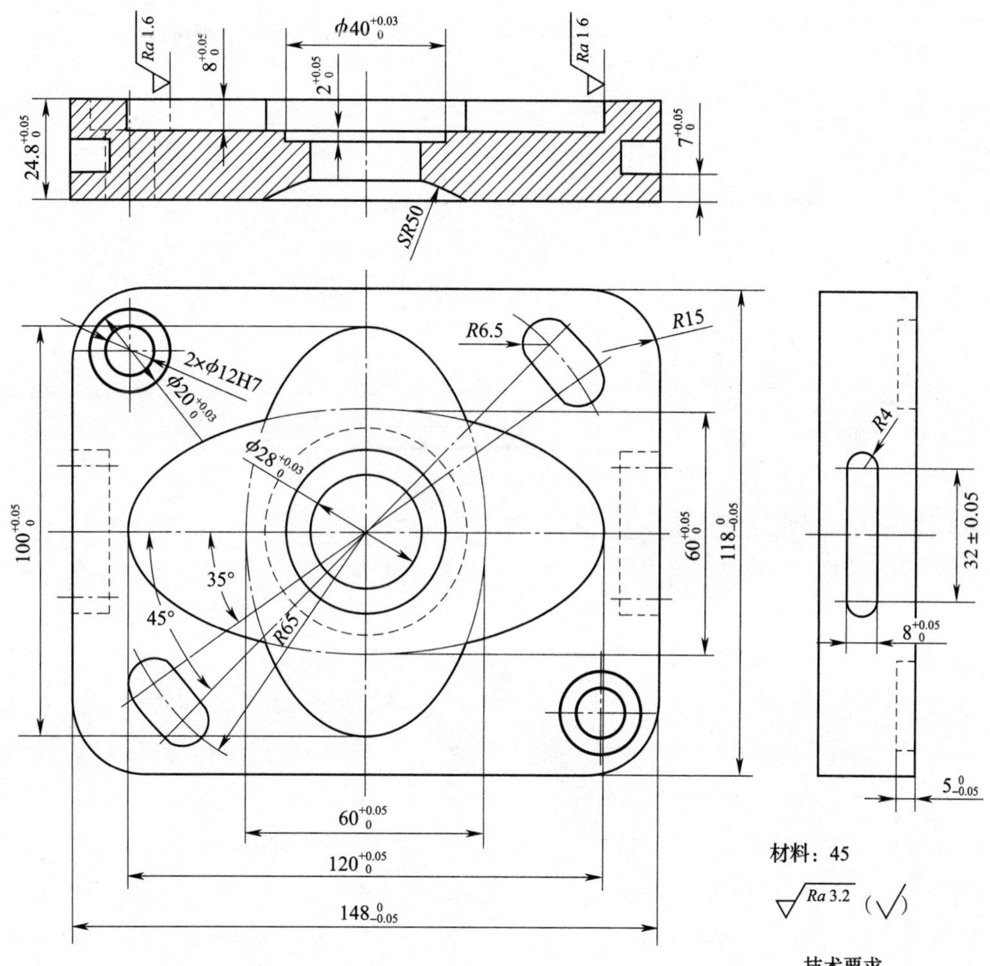

图 5—9

加工程序：

高级数控铣床/加工中心操作工应会试题 9 评分表

工件编号				总得分			
项目与配分		序号	技术要求	配分	评分标准	检测记录	得分
工件加工评分（90 分）	外形轮廓（mm）	1	$148_{-0.05}^{0}$	8	超差 0.01 扣 1 分		
		2	$118_{-0.05}^{0}$	8	超差 0.01 扣 1 分		
		3	$24.8_{0}^{+0.05}$	5	超差 0.01 扣 1 分		
		4	$R15$	4	每错一处扣 1 分		
		5	$120_{0}^{+0.05}$	8	超差 0.01 扣 1 分		
	内轮廓与孔（mm）	6	$100_{0}^{+0.05}$	8	超差 0.01 扣 1 分		
		7	$\phi 20_{0}^{+0.03}$	3×2	超差 0.01 扣 1 分		
		8	ϕ12H7	3×2	超差 0.01 扣 1 分		
		9	$\phi 28_{0}^{+0.03}$	4	超差 0.01 扣 1 分		
		10	$\phi 40_{0}^{+0.03}$	4	超差 0.01 扣 1 分		
		11	$7_{0}^{+0.05}$	3	超差 0.01 扣 1 分		
		12	$8_{0}^{+0.05}$	3×2	超差 0.01 扣 1 分		
		13	$5_{-0.05}^{0}$	3	超差 0.01 扣 1 分		
		14	32±0.05	2	超差 0.01 扣 1 分		
		15	$SR50$	8	超差全扣		
		16	35°、45°	1	每错一处扣 1 分		
		17	$R4$、$R6.5$	1	每错一处扣 1 分		
	其他	18	工件按时完成	3	未按时完成全扣		
		19	工件无缺陷	2	一处缺陷扣 2 分		
程序与工艺（10 分）		20	$Ra1.6$ μm	4	每错一处扣 1 分		
		21	$Ra3.2$ μm	1	每错一处扣 1 分		
		22	程序正确合理	2	每错一处扣 1 分		
		23	加工工序卡	3	不合理每处扣 2 分		
机床操作（倒扣分）		24	数控机床操作规范	倒扣	出错一次扣 2 分		
		25	工件、刀具装夹正确	倒扣	出错一次扣 2 分		
安全文明生产（倒扣分）		26	安全操作	倒扣	发生安全事故停止操作或酌情扣 5～30 分		
		27	机床整理	倒扣			

第十节　高级数控铣床/加工中心操作工应会试题 10

加工如图 5—10 所示零件，毛坯尺寸为 150 mm×120 mm×20 mm，试编写数控铣削加工程序。

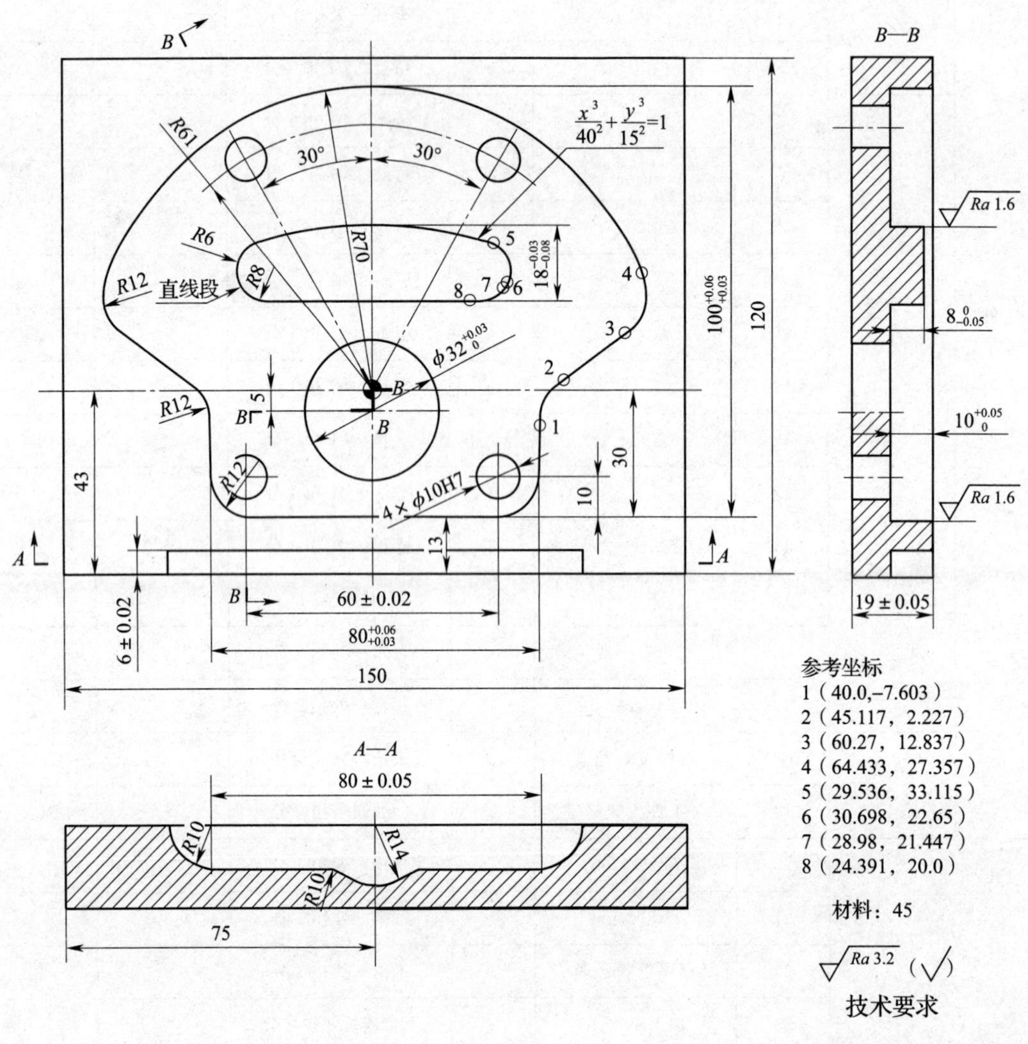

图 5—10

加工程序。

高级数控铣床/加工中心操作工应会试题 10 评分表

工件编号				总得分		
项目与配分		序号	技术要求	配分	评分标准	检测记录	得分
工件加工评分（90 分）	外形轮廓（mm）	1	$18_{-0.08}^{-0.03}$	8	超差 0.01 扣 1 分		
		2	椭圆轮廓	8	超差全扣		
		3	19±0.05	5	超差 0.01 扣 1 分		
		4	$R6$、$R8$	6	每错一处扣 1 分		
	内轮廓与孔（mm）	5	$\phi32_{0}^{+0.03}$	8	超差 0.01 扣 1 分		
		6	60±0.02	5	超差 0.01 扣 1 分		
		7	$80_{+0.03}^{+0.06}$	8	超差 0.01 扣 1 分		
		8	$100_{+0.03}^{+0.06}$	8	超差 0.01 扣 1 分		
		9	$8_{-0.05}^{0}$	5	超差 0.01 扣 1 分		
		10	$10_{0}^{+0.05}$	5	超差 0.01 扣 1 分		
		11	$R12$、$R70$	2	每错一处扣 1 分		
		12	ϕ10H7	2×4	每错一处扣 2 分		
		13	6±0.02	5	超差 0.01 扣 1 分		
		14	80±0.05	2	超差 0.01 扣 1 分		
		15	$R10$、$R14$	2	每错一处扣 1 分		
	其他	16	工件按时完成	3	未按时完成全扣		
		17	工件无缺陷	2	一处缺陷扣 2 分		
程序与工艺（10 分）		18	$Ra1.6\ \mu m$	4	每错一处扣 1 分		
		19	$Ra3.2\ \mu m$	1	每错一处扣 1 分		
		20	程序正确合理	2	每错一处扣 1 分		
		21	加工工序卡	3	不合理每处扣 2 分		
机床操作（倒扣分）		22	数控机床操作规范	倒扣	出错一次扣 2 分		
		23	工件、刀具装夹正确	倒扣	出错一次扣 2 分		
安全文明生产（倒扣分）		24	安全操作	倒扣	发生安全事故停止操作或酌情扣 5～30 分		
		25	机床整理	倒扣